Free Pascal 程序设计

林盛华◎编著

暨南大学出版社
JINAN UNIVERSITY PRESS
中国·广州

图书在版编目（CIP）数据

Free Pascal 程序设计/林盛华编著．—广州：暨南大学出版社，2013.7（2015.6 重印）
（全国青少年信息学奥林匹克竞赛指导丛书）
ISBN 978－7－5668－0653－6

Ⅰ．①F…　Ⅱ．①林…　Ⅲ．①Pascal 语言—程序设计　Ⅳ．TP312

中国版本图书馆 CIP 数据核字（2013）第 150110 号

出版发行：暨南大学出版社

地　址：中国广州暨南大学
电　话：总编室（8620）85221601
　　　　营销部（8620）85225284　85228291　85228292（邮购）
传　真：（8620）85221583（办公室）　85223774（营销部）
邮　编：510630
网　址：http：//www.jnupress.com　http：//press.jnu.edu.cn

排　版：广州市天河星辰文化发展部照排中心
印　刷：广东省农垦总局印刷厂

开　本：787mm×1092mm　1/16
印　张：10.75
字　数：261 千
版　次：2013 年 7 月第 1 版
印　次：2015 年 6 月第 2 次

定　价：32.00 元

前　言

全国青少年信息学（计算机）奥林匹克竞赛（早期称为青少年计算机程序设计竞赛）是旨在广大青少年中普及计算机教育，推广计算机应用的一项学科性竞赛活动。从1984年开始举办全国性竞赛。而自从1989年我国参加第一届国际信息学奥林匹克竞赛（International Olympiad in Informatics，简称IOI）以来，全国青少年计算机程序设计也更名为全国青少年信息学（计算机）奥林匹克竞赛（National Olympiad in Informatics，简称NOI）。

实践证明，该竞赛对于选拔计算机后备人才起到了立竿见影的效果，经由该比赛选拔出来的人才，如今已在国内IT行业甚至国际上渐领风骚，每年毕业的信息学学生也是各大IT巨头青睐的人才资源。不无夸张地说，信息学竞赛是一项有效的人才培养、选拔机制，它的推广和普及或可谓功在当代，利在千秋。

作为信息学竞赛的语言之一，Pascal语言语法严谨，层次分明，程序易写，具有很强的可读性，与其他编程语言如C、C++来说，Pascal语言更适合初学者学习，其严格的结构化形式、丰富完备的数据类型、运行效率高、查错能力强等特点，都有益于培养良好的程序设计风格和习惯。

一本好的入门书，使人如沐春风，豁然开朗，进而渐入佳境。一本生搬硬套的书籍，则不但浪费时间，更是扼杀兴趣。所幸本书编者具有十几年的信息学竞赛辅导经验，所辅导学生有113人次获得信息学联赛（NOIP）一等奖，4人获得全国信息学（NOI）一等奖，2人入选国家集训队。编者深谙初学者的学习心理和认知特点，不仅在内容结构的设计上循序渐进，而且不拘泥于语言的学习，重在通过思路点拨来培养和启发学习者的思维模式和程序设计能力。

本书内容共分十章，分别讲解Free Pascal语言基础、顺序结构、分支结构、循环结构、数组、函数与过程、文件、高精度计算算法、指针等内容。每章均配备相关例题与练习，帮助读者熟练掌握编写程序的方法和技巧，同时侧重培养学生的数学思维与算法设计能力。当然，对于初学者来说，阅读本书时，不仅要思考，同时还要勤于上机练习，只有通过设计程序、编写程序、调试程序，才能更快速有效地提升编程水平。

本书按照全国青少年信息学奥林匹克竞赛的大纲要求编写，结构严谨，理论联系实践，特别适合作为中小学开展信息学奥林匹克竞赛的培训教材。

由于编者水平有限，书中若有疏漏之处，恳请各位读者不吝指正。

编者

2013年6月

目 录

第一章　Pascal 语言的基本知识

【知识要点】

1. 程序的基本结构
2. 语言系统
3. 程序菜单

第一节　Pascal 程序的基本组成

我们首先来了解 Pascal 程序的基本结构。

例 1－1 就是用 Pascal 语言编写的一个小程序,在计算机上运行它,就会在屏幕上显示出 Google 公司两位创始人的名字。

【例 1－1】观察下面的程序结构:

```
program google;
begin
  writeln('Sergey  Brin');{google 公司的 CEO,创始人之一}
  writeln('Larry  Page');//google 公司的另一创始人
end.
```

上述程序第一行称为程序首部。其中用括号(注释可以用{ }或//来表示)括起来的内容是注释。注释除了给人看,增加程序的可读性外,对程序编译和运行不起作用。一个程序可以包含多个出现在不同处的注释,亦可无注释。程序从 begin 到 end 都是执行(语句)部分。

1. 程序首部

上例中的第一行称为程序首部。program 是保留字,接着是程序名(可依据"标示符"规则自行定义),最后以分号表示程序首部结束,下面是程序主体的开始。程序首部在一个 Pascal 程序中并非必须出现,它是可选的。写上它仅起到文档作用。

2. 程序体

(1)说明部分。

说明部分用于定义和说明程序中用到的数据,由单元说明、标号说明、常量说明、类型说明、变量说明、函数说明或过程说明组成,并且这些数据的说明次序必须按照以上次序。但是一个简单的程序也可以不包含说明部分,也就是说说明部分是可选的。

(2)执行部分。

执行部分描述了程序要执行的操作。它必须以 Pascal 保留字 begin 开始,以保留字 end 后跟句点结束,其间是一些执行具体操作的语句,并且以分号作为语句之间的分隔符。begin 和 end 必须成对出现,这是一个 Pascal 程序所必须有的。紧跟 end 之后的句号表示执行部分的结束,也表示整个程序的结束。

(3)注释部分。

就是写在程序中起注释作用的文字,计算机不执行此内容。注释内容必须用{}或//括起来。在程序的任何位置都可以有注释。

(4)一个完全的 Pascal 程序结构。

```
program 程序名;
uses
  已知单元说明;
label
  标号说明;
const
  常量说明;
type
  类型说明;
var
  变量说明;
function
  函数说明;
procedure
  过程说明;
begin
  语句;
  语句;
  ……
  语句;
end.
```

第二节　Pascal 语言系统的使用

目前,常用的 Pascal 语言系统有 Free Pascal,下面我们就来学习 Free Pascal 系统的使用。

1. Pascal **的启动**

双击桌面上 Free Pascal 对应的图标,或单击“开始” - >“所有程序”找到 Free Pascal 图标,就能启动 Free Pascal,启动后如图 1 - 1 所示。

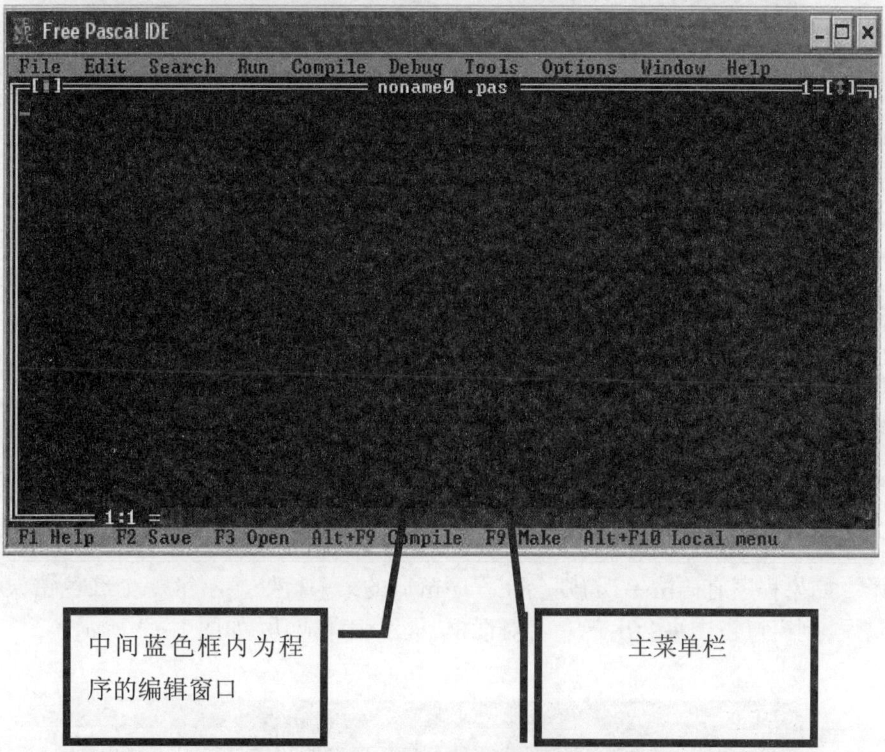

图 1 - 1 Free Pascal 的系统集成环境

2. 新建程序窗口

按 F10 运行主菜单,选择 File 菜单,执行其中的 New 命令,就可建立一个新的程序窗口(默认文件名为 Noname01. pas)。

3. 程序的编辑

在当前程序窗口中,一行一行地输入例 1 - 1 程序(如图 1 - 2 所示)。事实上,程序窗口是一个全屏幕编辑器。

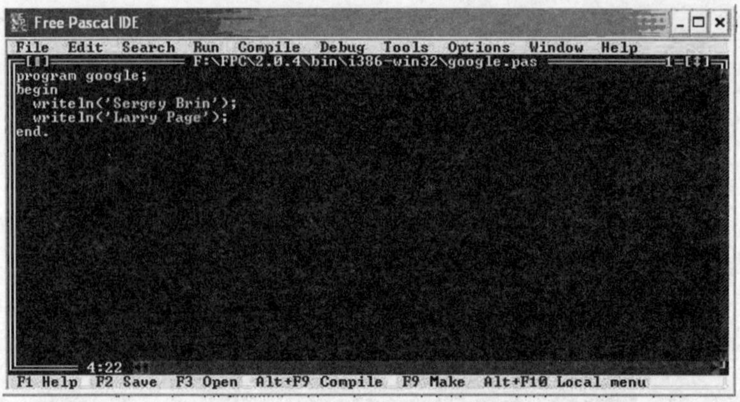

图 1－2　在编辑窗口中编辑程序

4. 程序的保存

保存程序可以通过按 F2 键(或执行 File 菜单中的 Save 命令)来保存程序。第一次保存文件时屏幕上会出现一个对话框要求输入文件名(默认扩展名为. pas)。

5. 程序的编译

当程序输入完毕之后,要先按 Alt + F9(或执行 Compile 菜单中的 Compile 命令)对程序进行编译。如果程序有语法错误,则会在程序窗口的第一行处显示第一个红色错误信息;若无语法错误,则窗口正中央会出现一个对话框,提示编译成功(如图 1－3 所示)。

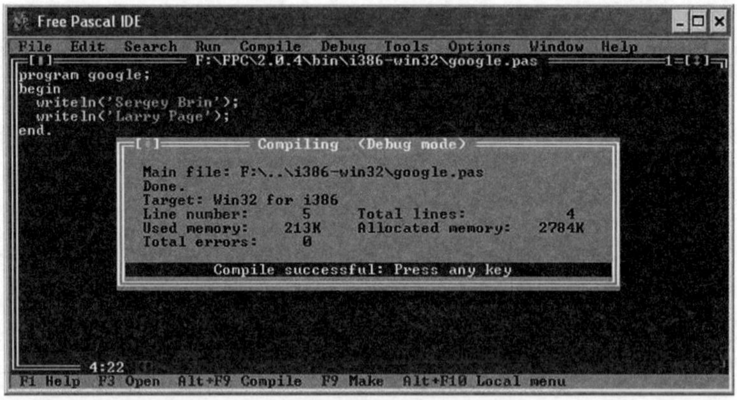

图 1－3　程序编译成功

6. 运行程序

程序的运行可以通过 Run 菜单中的 Run 命令,或直接按快捷键 Ctrl + F9,就可以在用户窗口中输出运行结果。通常在程序运行结束后系统回到 Pascal 系统的集成环境,因此要查看运行结果,要按 Alt + F5 将屏幕切换到用户屏幕(如图 1－4 所示)。

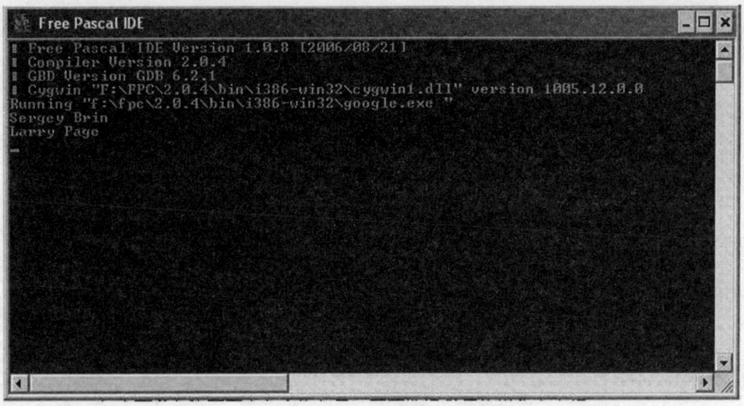

图 1-4　例 1-1 程序的运行结果

【例 1-2】输入程序,按要求操作,观察编译、运行的结果。

编程计算长方形的面积。已知长方形的长和宽(a,b 都为整数),计算长方形的周长 l 和面积 s。

【源程序】

```
program  count;
var
   a, b, l, s: integer;
begin
   a: =100;
   b: =50;
   l: =2 * (a + b);
   s: =a * b;
   writeln('l = ', l);
   writeln('s = ', s);
end.
```

要求:按下表的操作顺序操作,观察结果。

序号	操作要求	结果
1	把程序保存在 D 盘根目录,文件名存为:count. pas	
2	编译程序	
3	删去 program 所在的一行,然后编译程序	
4	删去 begin,然后编译程序(编译后加回)	
5	删去第一个 writeln 后的“;”号,编译程序(编译后加回)	
6	删去第二个 writeln 后的“;”号,编译程序	
7	把最后一行的 end 后的“.”号删除,编译程序(编译后加回)	
8	运行程序,观察程序运行结果	

强化训练

一、填空题

1. 程序的首部以________开始,以________结束。

2. 执行部分以________开始,以________结束,语句之间用________分隔。

二、改错题(观察下面的程序,指出程序中错误的地方并修改)

```
program  example;
var
   x,a,b,c:integer;
begin
   n:=128;
   c:=n  mod  10;
   b:=(n  div  10)  mod  10;
   a:=n  div  100;
   writeln('a=',a);
   writeln('b=',b)
   writeln('c=',c)
end;
```

第三节　Free Pascal 的菜单和窗口

*供自学使用

选取菜单条的方法有多种:用 F10 键可以激活菜单条,或者用 Alt 键与菜单名称的第一个字母的组合键来选取该菜单。如 Alt+F 即选中 File 菜单。也可以用鼠标单击进行选择。

Free Pascal 的主菜单包括:

File Edit Search Run Compile Debug Tools Options Window Help

每个菜单名称下面有各自的条目。下面选择常用的操作来介绍。

File(文件)菜单包括:

New		建立新文件
Open…	F3	打开一个文件
Save	F2	保存一个文件
Save as…		文件另存为
Change dir…		更换工作目录
Exit	Alt+X	退出 Free Pascal

名称后面加…的表示命令执行时将弹出一个对话框供选择,有些命令后面有热键说明,请在平常的练习中,观察它所执行的功能。

Edit(编辑)菜单包括:

Undo	Alt + Bksp	撤销操作
Redo		恢复操作
Cut	Shift + Del	剪切
Copy	Ctrl + Ins	拷贝
Paste	Shift + Ins	粘贴

如果命令为灰色,则表示不适于当前执行,即使选中执行也没有效果。

Search(搜索)菜单包括:

Find…		搜索关键字
Replace…		替换

Run(运行)菜单包括:

Run	Ctrl + F9	运行
Step over	F8	执行下一句
Trace into	F7	单步运行
Parameters…		设置程序参数

这里 Run 命令在执行前如果没有进行 Compile 与 Make 的操作,则首先执行这两个命令,再运行程序。Parameters 用于给程序设置参数。

Compile(编译)菜单包括:

Compile	Alt + F9	编译
Make	F9	连接
Build		建立
Target…		选择目标文件的形式

Debug(调试)菜单包括:

Output		结果输出窗口
User screen	Alt + F5	用户(结果)输出窗口
Add watch	Ctrl + F7	加入观察变量或表达式
Watches		打开 Watch 窗口
Breakpoint	Ctrl + F8	设置断点
Call stack	Ctrl + F3	调用栈窗口,观察栈的调用情况

User screen 用于观察程序运行结果,Watches 主要用在调试程序中,观察指定变量或表达式的值。

Tools(工具)菜单包括:

Messages	F11	打开信息窗口

Grep	Shift + F2	用户安装工具
Calculator		调用计算器

Options(设置)菜单包括:

Compiler···		设置缺省编译指示
Memory sizes···		设置缺省栈大小
Directories···		设置路径
Environment▶	▶	指定环境设置
Editor···		编辑器设置
Mouse···		鼠标设置
Start up···		启动设置

Window(窗口中)菜单包括:

Close all		关闭所有工作面窗口
Next	F6	使下一窗口为活动窗口
Previous	Shift + F6	使上一窗口为活动窗口
Close	Alt + F3	关闭活动窗口

Help(帮助)菜单包括:

Index	Shift + F1	帮助索引
Topic search	Ctrl + F1	主题搜索
Using help		使用帮助

第二章　Pascal 语言的基础知识

【知识要点】

1. Pascal 语言中的符号
2. 简单数据类型
3. 常用的标准函数
4. 运算符与优先级

第一节　Pascal 基本字符集、标识符与保留字

1. 基本字符集

Pascal 集的基本字符是 ASCII 码的一个子集。Pascal 基本字符包括：

(1)大小写英文字母：从 A 到 Z 以及从 a 到 z。

(2)数字：从 0 到 9。

(3)空格：ASCII 码序号为 32。

(4)其他符号如：

<	>	< =	> =	< >	+	−	*	/	( )	[ ]
{ }	!	@	#	$	^	&	;	:	.	′

2. 保留字

作为一种高级语言，Pascal 给一些英文单词赋予了特定的含义，这些特定符号叫做保留字或关键字。标准 Pascal 语言中的保留字一共有 35 个，Turbo Pascal 语言中一共有 51 个。下面是标准 Pascal 语言的保留字：

And	Array	Begin	Case	Const
Div	Do	Downto	Else	End
File	For	Function	Goto	If
In	Label	Mod	Nil	Not
Of	Or	Packed	Procedure	Program
Record	Repeat	Set	Then	To

Type	Until	Var	While	With

Free Pascal 7.0 还扩充了 16 个保留字,分别是:

Asm	Constructor	Destructor	Exports	Implementation
Inherited	Inline	Interface	Library	Object
Shr	String	Shl	Uses	Unit
Xor				

3. 标识符

标识符用来标记程序、类型、常数、变量、过程、函数、指令等的名字。

标识符就是以字母或下划线开头,后面是英文字母、数字、下划线的任意组合。有效长度为 63 个字符,并且大小写等效。

应当注意区分合法与非法的标识符。下面是一些合法的标识符:

A　　turbo　　Sit_in_the_sum　　_xyz　　R2d3_4

标识符可以分为预定义的标准标识符和自定义标识符两类。

(1)在标准的 Pascal 中预定义了 40 个标准标识符:

3 个标准常量:

False　True　Maxint

5 个标准类型:

Integer　Real　Boolean　Char　Text

13 个标准过程:

Read	Readln	Write	Writeln	New	Get	Put
Pack	Unpack	Page	Reset	Rewrite	Dispose	

17 个标准函数:

Exp	Ln	Sqr	Sqrt	Pred	Succ	Abs
Sin	Cos	Arctan	Round	Trunc	Odd	Ord
Eof	Eoln	Chr				

2 个标准文件:

Input　Output

(2)自定义标识符,是根据用户自己的需要来命名。除了要符合上述的标识符使命名规则外,通常还要注意如下问题:

①自定义标识符不能与保留字同名,否则编译出错。

②自定义标识符必须在程序的说明部分被合理说明之后,才能在程序的语句部分出现,否则编译出错。

③不提倡将标准标识符用作自定义标识符。

比如:假设我们定义 exp =7;

则语句中出现的所有 exp 都被认为是常数 7，这样指数函数 exp(　)就无法使用了。

在 Pascal 环境中写程序代码时，遇到与保留字匹配的字符串，编辑器会自动将整个字符串标为白色，提醒用户这是系统的保留字。

第二节　Pascal 的标准数据类型

Free Pascal 提供了丰富的数据类型，这些数据类型可以分为三大类：简单类型、构造类型和指针类型。其中简单类型可以分为标准类型（整型、实型、字符型和布尔型）和自定义类型（枚举型和子界型）；构造类型可以分为数组类型、集合类型、记录类型和文件类型。这些数据类型中除了指针类型是动态数据类型外，其他的都是静态数据类型。在这些数据类型中简单类型都是有序类型，除了实型以外的简单类型都是顺序类型，所谓顺序类型就是他们的值不仅是有序的而且是有顺序号的。

在程序的说明部分进行变量说明的时候，不但要指明作为变量名的标识符，而且要指出这个变量的数据类型。

在这里主要介绍实型、整型、布尔型和字符型四种常用的数据类型。

1. 实型(Real)

实型就是实数类型，是一种最常见的数据类型。

在 Pascal 中，实数有两种表示方法：小数表示法和指数表示法（也称科学表示法）。

下面是小数表示法与科学表示法的对照实例：

小数表示法	科学表示法
3.47	3.47E0
123.6	1.236E2
89000.0	8.9E4
-0.00000023	-2.3E-7

在科学表示法中，“E”后面的数代表 10 的幂，前面的数一般在 1 到 10 之间取值。

实际上，Pascal 有五种实数类型（见表 2-1）。

表 2-1　Pascal 的 5 种实数类型

类型	取值范围		占字节数	有效位数
Real	2.9e-39	1.7e38	6	11　12
Single	1.5e-45	3.4e38	4	7　8
Double	5.0e-324	1.7e308	8	15　16
Extended	3.4e-4932	1.1e4932	10	19　20
comp	$-2^{63}+1$	$2^{63}-1$	8	19　20

实型数据的运算符包括算术运算符(+,-,*,/)和关系运算符(=,>,<,<>,<=,>=)。

2. **整型**(Integer)

整型即整数类型。它只能在整数这一无限集合中表示一个有限子集。在16位机中,整数的表示范围为:-32768 到 32767。整型是有序类型。

Pascal 中有一个标准标识符 Maxint,它代表所使用的计算机系统允许的最大整型数,而最小的整型数即为 -Maxint-1。

Turbo Pascal 定义了长整数常量 Maxlongint,其值为 2147483647。

Free Pascal 定义了 int64,其值为 2^{64}。

在数学中,整数为实数的一个子集,为什么有了实型还要定义整型呢?

在计算机进行运算中,CPU 对整数和实数运算的处理方法不同,整数运算要快于实数运算。计算机在处理实数运算时存在一定的误差,可能存在 10000 个 1.0 相加不等于 10000 的现象。所以一般不要用等号来判断实数的相等性。

因此,在实际编程中,合理选择数据类型是必要的。对于小范围整数运算,应尽可能采用整型数据。

整型的运算符除了+、-、*、/外,还有两种特殊的运算符:div、mod。

div 是整除运算,求出整数商。

例:

8 div 3 = 2

14 div 4 = 3

mod 是求余数的运算。

例:

17 mod 4 = 1

-17 mod 4 = -1

17 mod (-4) = 1

Pascal 同样支持五种整型定义(见表 2-2)。

表 2-2 Pascal 的 5 种整型定义

类型	取值范围		占字节数	有效位数
Shortint	-128	127	1	8
Integer	-32768	32767	2	16
Longint	-2147483648	2147483647	4	32
Byte	0	255	1	8
Word	0	65535	2	16

3. 布尔型(Boolean)

Boolean 一词是根据十九世纪英国数学家 George Boole 而命名的。

布尔型数据用来存放逻辑值,也叫布尔值。布尔值只有两个:真(True)和假(False)。布尔型是有序类型,它们的序号分别是:Ord(False)=0,Ord(True)=1。

例如:

3<5 的值为 True;

20+50>=60 的值为 False。

对于关系表达式,都对应一个布尔值,我们在后面的章节会详细介绍。

布尔类型主要参与的运算是逻辑运算:

与(And),或(Or),非(Not)都是逻辑运算符。

其运算规则如下:

(1)假设有两个条件 A 和 B,只有 A 和 B 同时为真时,A　And　B 的结果才为真,否则为假。

(2)当 A 或 B 中至少有一个为真时,A　Or　B 的结果为真,否则为假。

(3)当 A 为真时,Not　A 的结果为假,A 为假时,Not　A　的结果为真。

4. 字符型(Char)

一个字符型数据变量是用来存放 ASCII 码字符集内的某个字符。此时字符只代表某个符号,本身不具有原来的含义。如 'A','6'就是字符。字符型表示一个字符,要用单引号将其括起来。

字符类型是有序类型,每个字符在 ASCII 码表中都对应一个序号,比如字符 A 的序号是 65,a 的序号是 97。字符类型比较大小,就是按字符的序号来比较的。

关于字符类型,有以下几点值得注意:

(1)字符类型数据中的单引号内最多只能有一个字符,超过一个字符的字符串不认为是字符类型。如'abc'就不属于字符类型。

(2)同一字母的大小写是不同的字符。比如,'a'和'A',它们的编码不同。

(3)字符必须用单引号引用,不能用双引号。

(4)空字符可以用''表示。

【例 2-1】指出下列哪些数据是整型数据,哪些是实型数据,哪些是字符型数据,哪些是布尔型数据。

(1)23456	(2)234.4	(3)1.12E-6
(4)0	(5)'0'	(6)897899
(7).5423	(8)'abcde'	(9)true
(10)false	(11)'a'	

第三节 标准函数

Pascal 提供了丰富的预定义标准函数,通过标准函数我们可以把一些复杂的数学问题简化。这些函数的功能见表 2-3。

表 2-3 标准函数功能

函数名	意 义	应用举例
abs( )	绝对值函数	abs(-3.14)=3.14,abs(6)=6
sqr( )	平方函数	sqr(4)=16,sqr(-3)=9
sqrt( )	开方函数	sqrt(9)=3,sqrt(2)=1.414
sin( )	正弦函数	sin(3.14)=0,sin(3.14/2)=1.0
cos( )	余弦函数	cos(3.14)=1.0,cos(3.14/2)=0
exp( )	以 e 为底数的指数函数	exp(3) = e^3
ln( )	自然对数函数	ln3 = ln(3)
trunc( )	取整函数,其作用是将括号里的数的小数全部去掉	trunc(3.14)=3 trunc(4.79)=4 trunc(-2.8)=-2
round( )	四舍五入取整函数	round(3.14)=3 round(4.8)=5 round(-3.2)=-3 round(-5.7)=-6
pred( )	前导函数,其作用是对括号中的整数求其前面一个整数,或者对括号中的字符根据 ASCII 码表中的次序求其前面的一个字符	pred(3)=2 pred(123)=122 pred('C')='B' pred('Z')='Y'
succ( )	后继函数,其作用是对括号中的整数求其后面一个整数,或者对括号中的字符根据 ASCII 码表中的次序求其后面的一个字符	succ(7)=8 succ(2)=3 succ('A')='B' succ('Y')='Z'
odd( )	奇函数的判别函数 其作用是对括号中的整数进行判断,如果为奇数,则结果为真,否则为假	odd(7)=true odd(4)=false

（续上表）

函数名	意　义	应用举例
chr(　)	取字符函数，其作用是将括号中的整数作为字符的序号，或称字符的 ASCII 码（见附录），并将与序号对应的字符作为结果写出来	chr(65) = 'A' chr(66) = 'B' chr(97) = 'a'
ord(　)	取序号函数，该函数是 chr( ) 的逆函数，是根据字母求出其 ASCII 码	ord('A') = 65 ord('B') = 66 ord('a') = 97 ord(chr(65)) = 65，　chr(ord('A')) = A ord(false) = 0 ord(true) = 1

Pascal 有丰富的标准函数可以利用，具体可参考有关的操作手册。Pascal 中函数的使用格式一般都是：函数名（自变量），其中自变量可以是数、变量或表达式，函数运算的结果是函数值，使用函数时，要注意该函数规定的自变量和函数值的类型。

下面列出几个常用的标准函数（如表 2 – 4 所示）：

表 2 – 4　常用的标准函数

函数名	意义	自变量类型	函数值类型
abs(x)	绝对值	整型或实型	同自变量
frac(x)	小数部分	整型或实型	实型
int(x)	整数部分	整型或实型	实型
pi	π 的值	无自变量	实型
sqr(x)	平方	整型或实型	同自变量
sqrt(x)	平方根	整型或实型	实型
round(x)	四舍五入	实型	整型
trunc(x)	取整	实型	整型
random	随机数	实型	实型　0 < x < 1

第四节　Pascal 语言的运算符

1. 算术运算符

算术运算符包括 +、-、*、/、div、mod。其中/对应实型数据，表示实数的除法运算（遇有整数型也自动转换为实数);div 对应整数的带余除法,表示两整数相除的商;mod 则对应整数除法的余数。无论何种除法,除数都不能为 0。

这几种运算符只有 - 既能用作单目运算符表示负数,又能用作双目运算符表示减法运算。其余的 +、*、/等用作算术运算符时都是双目运算符。

下面我们介绍 4 种标准类型的运算符,如表 2 - 5 所示。

表 2 - 5　算术运算符操作

类型	算术运算符	操作数类型	结果类型
整型 integer	算术运算:+,-,*,/,div,mod 关系运算:<,< =,>,> =,< >,=	整型数	整型或实型 布尔型
实型 real	算术运算:+,-,*,/ 关系运算:<,< =,>,> =,< >,=	整型或实型	实型 布尔型
布尔型 boolean	布尔运算:not,and,or,xor 关系运算:<,< =,>,> =,< >,=	布尔值或关系表达式	布尔型
字符型 char	关系运算:<,< =,>,> =,< >,= 有些特定的运算在后面章节会学习到。		

2. 关系运算符

关系运算符包括 =、<、>、< =、> =、< >、in(属于)运算,运算结果都是布尔型值。具有顺序结构的简单数据类型都可以应用于关系运算符。

关系运算符都是双目运算符,要求两边的运算对象必须是同一类型(实型与整型比较)。如 25 <78 - 54,'6' >#46 都是正确的。但两个关系运算符连用是不正确的,如 x < y < z 是不合法的。

如:

2 <3　　　　　　运算结果为 true;

345.5 < =100　　　　运算结果为 false

12 < >10　　　　　运算结果为 true

'A' >'a'　　　　　运算结果为 true

特别注意

注意实型数等值的比较问题。直接采用 =,有时会得到意外的结果。如:

```
begin
  writeln(3/5 * 5 =3);
end.
```

程序运行的结果是 False,这是由实数运算的精度所限制的。

判断两实数是否相等可以把它们的差的绝对值与一个足够小的实数比较,小于这个值,则认为两数相等。

如上例,abs(3/5 * 5 - 3) < 1E - 8

则运算结果是 true。

3. 逻辑运算符

逻辑运算符包括 not、and、or、xor,这里 not 是单目运算符,其余的都是双目运算符。

not、and、or、xor 还可以用在布尔运算中,形成对真值表的操作。

如表 2 - 6 所示:

表 2 - 6　真值表

a	b	Not a	a and b	a or b	a xor b
false	false	true	false	false	false
false	true	true	false	true	true
true	false	false	false	true	true
true	true	false	true	true	false

多个运算符出现在同一表达式中,则按照一定的顺序运算,每种运算符有各自的优先度,称为优先级。下面是一些常见的优先级(从高到低分为 4 级)

单目运算符:not、-、@(地址运算符)

乘级运算符:*、/、div、mod、and、shl、shr

加级运算符:+、-、or、xor

关系运算符:=、<、>、<=、>=、<>

如果有圆括号,则首先计算圆括号内表达式的值,再计算外层。当多个运算符处于同一个运算层时,注意它们的优先级是很有必要的。

4. 位运算符(初学者可暂缓学习此内容)

not、and、or、xor、shl、shr,这 6 种运算符都可用在位运算中,运算对象为整型数。

not 表示"按位取反",如 not　4 = -5,4 的二进制码是 0000　0000　0000　0100,按位取反得 1111　1111　1111　1011,这是 -5 的补码。

and 表示"按位与",如 7 and 11 = 3,7 是 0000　0000　0000　0111,11 是 0000　0000　0000　1011,and 运算之后是 0000　0000　0000　0011,对应十进制的 3。因此 7 and 11 = 3。

or 表示"按位或",xor 表示"按位异或"。

shl 表示"左移 n 位",如 10 shl 2 = 40,即 10 的二进制码 0000　0000　0000　1010 左移 2 位,右端用 0 补足,这样成为 0000　0000　0010　1000,是 40 的二进制码。shr 表示"右移 n 位",如 10 shr 2 = 2。

【例 2 - 2】写出判断下列条件的条件表达式

(1)判断一个整数 x 是两位数并且能被 5 整除＿＿＿＿＿＿＿＿＿＿＿＿＿＿。

(2)实数 x 在区间[-1,0]∪(1,3)__________________________。

(3)y 是闰年年份数__________________________。

(4)点(x,y)在单位圆内(不在单位圆上)__________________________。

(5)整数 k 是完全平方数__________________________。

【分析】

(1)(x > =10) and (x <100) and (x mod 5 =0)

(2)(x > = -1) and (x < =0) or (x >1) and (x <3)

(3)(y mod 4 =0) and (y mod 100 < >0) or (y mod 400 =0)

闰年:能被 4 整除但不能被 100 整除,或能被 400 整除。

(4)x * x + y * y <1

(5)trunc(sqrt(k)) * trunc(sqrt(k)) = k,即判断 k 的平方根是否为整数即可。

注意:上述运算要特别注意运算符的优先级,如果不是非常清楚,可以添加括号。

【例 2 -3】如何将小写字母转换为大写字母?

【分析】

利用 ord()和 chr()函数,可以把小写字母转换为大写字母。ord('a') =97,ord('A') =65,若把小写字母 x 转换为大写字母 X,则可以这样书写:

chr(ord('A') + ord('x') - ord('a'))

强化训练

一、填空题

1. 代数式 $\dfrac{(a-b)}{\dfrac{a+b}{a-b}+a*b}$ 的 Pascal 表达式是__________________________。

2. 代数式 $\dfrac{1}{a+b+c}\sqrt{\dfrac{(s-a)(s-b)(s-c)}{s}}$ 的 Pascal 表达式是__________________________。

3. 表达式 pred(chr(ord('E') +1))的值为__________________________;

4. 对于实型变量 x,表达式 round(x * 100)/100 将 x 的值__________________________;表达式 trunc(x * 100)/100 将 x 的值__________________________。

5. x 既不在 -3 到 -2 的范围内又不在 2 到 3 的范围内的 Pascal 表达式为__________________________。

6. 表达式 trunc(- sqrt(sqr(13 mod 6) * 8 * (17 div 2) + sqr(1/3)))的值为__________________________。

二、选择题

1. 表达式 round(sqrt(14/3) - sqrt(14 div 3))的值为(　　)

A. 2　　　B. 1　　　C. 0　　　D. -1

2. 下列关系表达式中合法的是(   )

(A)'A'<99　　(B) 23.5<20

(C)12<32 AND 56>45　　(D) 5<X<14

3. 下列符号是标识符的是(   )

(A) 1SCCA　　(B) FIRSTRY

(C) NAME-OF-HERS　　(D) NUMBER ONE

4. 下面正确的关系表达式是(   )

(A)'T'<'*' and 'R'>='W'

(B)not(0<X<1)

(C)3.43<8 or false

(D)'34'<100

5. Pascal 表达式 ord(not true)+6 mod 4 的值为(   )

(A)2　　(B)3　　(C)true　　(D)0

6. 表达式 23 div 3 mod 4 的值为(   )

(A)0　　(B)2　　(C)3　　(D)7

7. 把整数 5 转换为字符'5'的表达式是(   )

(A)chr(5)-ord('0')　　(B)chr(5-ord('0'))

(C)chr(5+ord('0'))　　(D)chr(5+ord(0))

8. 表达式 odd(k) or odd(k+1)的值是(   )

(A)true　　(B)k　　(C)0　　(D)k+1

第三章　顺序结构程序设计

【知识要点】

1. 常量和变量
2. 输入输出语句
3. 简单的顺序结构程序设计

第一节　常量和变量

1. 常量

常量是这样一种标识符,该标识符中的数据在整个程序中都不会变化。
常量中的数据称为常数,可分为以下四种:
整型常数,如12, -33,825……
实型常数,如0.35, -2.00,12.3456……
布尔型常数,只有两个:true,false
字符型常数,如'1', '2', 'A', 'X', '@', '+'……
语法格式为:

```
const
   常量标识符 = 常量;
   ……
   常量标识符 = 常量;
```

常量定义要出现在程序的说明部分,注意常数赋值后用分号结束。

2. 变量

变量是在程序运行过程中,其值可以变化的量。
语法格式为:

```
var
   变量标识符:类型;
   ……
   变量标识符:类型;
```

对于同类型的变量,可以把标识符列成一个表,用逗号隔开。

同常量定义一样,变量定义也要出现在程序的说明部分,如果要赋初值,需要写在程序的语句部分。

例如:

```
var
  a,b:real;
  w1,w2:char;
  f1,f2:boolean;
  da,db:integer;
```

变量定义好后,必须给它赋值,才有实际意义。

其格式为:

变量名:=数据;

赋值符号":="两边的变量和表达式类型必须相容。对于简单数据类型来说,除去一种情况以外,都要求两边的类型一致。这种特殊情况就是左边的变量标识符为实型,右边可以是整型表达式。实际过程中,编译器首先将右边整型表达式的值转化为实型,再赋给左边的变量。

注意:

Pascal 中的赋值符号":="不是数学中的"=",它是把符号右边的数赋给左边的变量,如果右边是一表达式,则先计算出表达式的值再赋给左边的变量。

变量在左,数字或表达式在右,右边的值赋给左边的变量,这个规则要记牢。

【例 3-1】说出按顺序执行一次赋值语句后变量 a、b 的值的变化。

```
var
  a,b:integer;
begin
  a:=3;b:=5;{1}
  a:=a+b;{2}
  b:=a-b;{3}
  a:=a-b;{4}
end.
```

【分析】

(1)将值 3 赋给变量 a,将值 5 赋给变量 b;

(2)将变量 a 的值 3 与变量 b 的值 5 相加赋给变量 a,a 的值为 8,b 的值还是 5;

(3)将变量 a 的值 8 与变量 b 的值 5 相减赋给变量 b,a 的值为 8,b 的值是 3;

(4)将变量 a 的值 8 与变量 b 的值 3 相减赋给变量 a,a 的值为 5,b 的值是 3。

另一种方法,通过调试程序窗口,观察变量值的变化。

输入程序后,程序编译成功;

按 Ctrl + F5 键,调整窗口大小;然后选择菜单"Debug→Watches",同样调整此窗口,如图 3-1 所示。

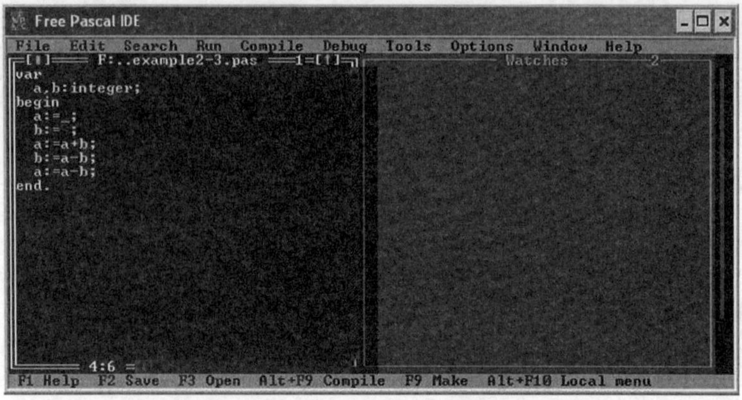

图 3-1 调试程序界面

(3)按 F7 单步执行程序,同时按 Ctrl + F7 键,增加要观察的变量,在 Watches 窗口就可以观察变量的值。如图 3-2 所示。

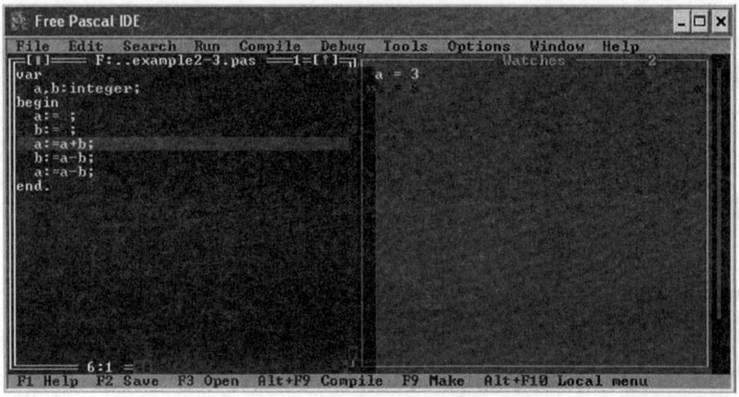

图 3-2 观察程序中变量的值

第二节 输入输出语句

1. 输出语句

(1)write 语句。

格式如下:

wite(输出项 1,输出项 2,…,输出项 n);

作用:write 语句是将其括号中输出项的值计算并输出。把输出项输出后不换行。

它有以下几种用法:

① 直接输出数字。例如:write(3),则在屏幕上输出一个“3”。

②　输出变量。例如:已知 a = 3,b = 6,c = 9　则 write(a,b,c)执行的结果是在屏幕上输出 3,6,9 三个数。

③　输出表达式。如果括号中是表达式,write 语句是先计算结果再输出。如:已知 a = 3,b = 6,则 write(a + b - 4)语句执行的结果是输出数字 5。

④　输出字符或字符串。write 语句中的字符或字符串一律按原样输出。如:

write('A')　,则在屏幕上输出一个字母 A;write('HELLO'),则在屏幕上输出一个词 HELLO;write('3 + 5'),在屏幕上不会输出数字 8,而是“3 + 5”三个字符。

(2)writeln 语句。

格式如下:

writeln(输出项 1,输出项 2,…,输出项 n);

作用:writeln 语句是将其括号中输出项的值计算并输出。把输出项输出后换行。

另有一格式:

writeln;

作用:此 writeln 语句不带输出项,仅起换行作用。

【例 3 - 2】写出下列程序执行后的结果。

(1)

```
begin
  write(1,2,3);
  write(4,5,6);
  write(7,8,9);
end.
```

【分析】

执行的结果是:1　2　3　4　5　6　7　8　9(注:在屏幕上输出时是没有空格的)

(2)

```
begin
  writeln(1,2,3);
  writeln(4,5,6);
  writeln(7,8,9);
end.
```

【分析】

执行结果是:

1　2　3

4　5　6

7　8　9

另:writeln 语句如不带参数则表示输出一个空行,即换行。

(3)输出格式。

输出语句在输出数据时,数据在屏幕上所占的宽度是有规定的,输出的域宽有两种:标准域宽和自定义域宽。

① 标准域宽。

标准域宽是指系统默认的宽度。不同版本的 Pascal 对不同的数据所规定的宽度是不同的。在 Free Pascal 中，规定如下：

整数在输出时，其宽度就是数据本身的宽度，也就是说数与数之间没有空格。

实数在输出时，默认的宽度是 25 位。其格式为：sx. yyyyyyyyyyyyyyyyEfzzzz；其中 s 为符号部分，占一位，这里负数 s 为 - 号，正数 s 为空格；x 为整数部分，占一位；y…y 为小数部分，最多 16 位；f 为指数符号部分，占 1 位；zzzz 为指数绝对值部分，占 4 位，即使指数绝对值小于 10，也占 4 位。

字符型输出宽度为 1，也就是说字符之间没有空格。如：

write('A','B','C')；输出结果就是 ABC。

另：字符串的输出宽度也是其本身实际的宽度。

布尔型输出的宽度也是其本身实际的宽度，输出的结果要么是'FALSE'，要么是'TRUE'。

② 自定义域宽。

在输出的时候，系统允许用户自定义输出的域宽。

单域宽

write 或 writeln 语句所带的括号中的每个输出项后面加上数字 n，中间用冒号隔开，数字 n 则表明该输出项将占的域宽。

【例 3-3】执行下列 write 语句后的结果。

(1) write(3:5,45:4)；

【分析】

输出格式为：

□□□□3□□45；("□"代表空格，如未加其他说明，在本书中都这样表示)

(2) write('A':2,'B':2,'C':3)；

【分析】

输出的格式为：

□A□B□□C。

双域宽

双域宽是在括号中每个输出项后加上两个数 m 、n ，其中 m 代表输出项所占的总宽度，n 代表在总宽度中小数所占的位数，它们中间都要用冒号隔开；要求 m > n。

【例 3-4】执行下列 write 语句后的结果。

(1) write(-3214.44:12:3)；

【分析】

则输出格式为：

□□□ -3214.440

另：我们还可以用在输出项之间加空格的办法来控制数据之间的格式。

(2) write(1,' ',2,' ',3)；

【分析】

输出来的格式为：

1□2□3，中间便有了空格。

2. 输入语句

输入语句的功能是在程序执行过程中暂停下来接受用户从输入端(一般是键盘)输入数据,将接收到的数据存入预先设好的变量中,程序再接着运行。

(1) read 语句。

格式如下:

read(变量1,变量2,…,变量n);

作用:read 是一个读数语句,后跟变量,读进来的数就赋值给变量。

如:

read(x),其意思是等待由键盘输入一个数,然后将此数赋值给变量 x。

它等同于一个赋值语句。

read(x,y,z),其意思是等待用户由键盘输入三个数,这三个数按输入的次序依次赋给变量 x,y,z。它等价于以下三个语句:read(x);read(y);read(z)。

注意事项:

① 键盘输入的数据类型要与变量的数据类型一致,不能出现将一个实数赋给一个整型变量之类的错误。

② 输入的数据个数要与 read 语句中变量的个数一致。如果要输入多个数据,则有两种情况:

如果输入的数据是实数或整数类型,则各个数之间用空格隔开,最后才以回车键结束,表示输入完毕;

如果输入的数据类型是字符型,则各字符间不能有分隔符,也不能有单引号把它引起,在最后一个字符后用回车键结束,表示输入完毕。

③ 如果输入数据的个数少于 read 括号中变量的个数,程序会一直等到你输完才会继续执行。

④ 如果 read 语句中括号中的变量超过一个,则中间用逗号隔开。

【例 3-5】已知变量 a,b,c 都是整型,则 read(a,b,c)有以下几种输入法:

(1)

1□2□3 ↙(“↙”代表回车键,如未加其他说明,在本书中都这样表示)

【分析】

执行的结果为:a=1,b=2,c=3。

(2)

1□2□3□4 ↙

【分析】

执行的结果为 a=1,b=2,c=3,多余的 4 没起作用。

(3)

1 ↙

2 ↙

3 ↙

【分析】

执行的结果仍为 a = 1, b = 2, c = 3。

(4)

1□2 ↙

【分析】

执行的结果为 a = 1, b = 2，因没给 c 赋值，则计算机一直处于等待状态。

□3 ↙

执行的结果仍为 a = 1, b = 2, c = 3。

(2) readln 语句

readln 语句也是一个输入语句，用法同 read 非常类似，同样是将由键盘读入的数据存进后面括号里的变量中。如 readln(a,b,c)；但是，也有不同之处：readln 语句把来自键盘的一串数据读入相应的变量中后，便自动跳到下一行的第一个数据处，如果原来行中还有未读完的数据，则忽略这些数据。

另外，readln 语句后面可以不带参数，即只有一个"readln"。此时它的作用是跳过本行，直接指向下一行的第一个数据，也可以简称为换行。那么，readln(a,b,c) 就相当于以下四句：read(a)；read(b)；read(c)；readln。

【例 3-6】根据输入格式，说明变量的赋值情况。

(1)

程序中的语句	由键盘输入的格式
read(a,b);	1□2□3 ↙
read(c,d);	4□5□6 ↙
read(e,f,g);	7□8□9 ↙
read(h);	10□11□12 ↙

【分析】

则执行后的结果是：a = 1, b = 2, c = 3, d = 4, e = 5, f = 6, g = 7, h = 8。

(2)

程序中的语句	由键盘输入的格式
readln(a,b);	1□2□3 ↙
readln(c,d);	4□5□6 ↙
readln(e,f,g);	7□8□9 ↙
readln(h);	10□11□12 ↙

【分析】

则执行后的结果是：a = 1, b = 2, c = 4, d = 5, e = 7, f = 8, g = 9, h = 10。

【例 3-7】变量 a,b 的值互换并输出。

【分析】

要交换变量 a、b 的值，首先我们要引入第三个变量 c，作为临时存放的变量。

```
var
  a,b,c:integer;
```

```
begin
  writeln('input a,b');
  read(a,b);
  writeln('a=',a,'b=',b);
  c:=a;
  a:=b;
  b:=c;
  writeln('a=',a,'b=',b);
end.
```

【例3－8】已知一个三位数,将其倒序输出。如:输入479,输出974。

【分析】

此题考察的知识点是灵活运用div、mod运算把一个数的数位上的数分离。a div 10得到的结果是a的首位,a mod 10是a的个位数(末位)。

假设一个数为x,要分离各个数位上的数的方法如下:

个位上的数字:x　mod　10

十位上的数字:(x　div　10)　mod　10

百位上的数字:(x　div　100)　mod　10

……

依此类推。

【源程序】

```
var
  a,b,c,d:integer;
begin
  writeln('input a 3_bit number');
  readln(d);
  a:=d div 100;
  c:=d mod 10;
  b:=(d-a*100-c) div 10;
  d:=c*100+b*10+a;
  writeln('d=',d);
end.
```

【思考】

div、mod运算还有一个重要的作用,是用来判断某个数能否被另一个数整除。该如何表示?(提示:div要用到前面的标准函数)

【例3－9】已知三角形的三边,求其面积。

【分析】

在知道三角形的三边a,b,c后,可用海伦公式求出其面积:

$$s=\sqrt{p(p-a)(p-b)(p-c)}$$

其中,p = (a + b + c)/2。数学知识在程序设计中起到非常重要的作用。

【源程序】

```
var
  s,a,b,c,p:real;
begin
  writeln('input  a,b,c');
  readln(a,b,c);
  p:=(a+b+c)/2;
  s:=sqrt(p*(p-a)*(p-b)*(p-c));
  writeln('s=',s);
end.
```

强化训练

一、填空题

1. 以下程序段的作用是:

将读入的一个三位数字的正整数反向输出。如输入 365,则输出 563,请填空:

```
var
  m,a,b,c,x:integer;
begin
  readln(m);
  a:=____________;
  b:=____________;
  c:=m div 100;
  x:=a*100+b*10+c;
  writeln(x);
end.
```

2. 请写出把 2789.12 的整数部分赋给整型变量 i 的赋值语句是____________。

3. 以下程序的运行结果为____________。

```
var
  a,b,c,n,s:integer;
begin
  n:=243;
  a:=n div 100;
  b:=(n-a*100) div 10;
  c:=n-a*100-b*10;
  s:=a+b+c;
  writeln('s=',s:3);
end.
```

二、程序设计

1. 从键盘读入一个四位数,将其千位,百位,十位,个位拆出来。

2. 位数对调:输入一个三位自然数,把这个数的百位与个位数对调,输出对调后的数。例如:Input 3 bit data:234,输出 n = 432

第四章　分支结构程序设计

【知识要点】

1. 关系表达式
2. If 语句
3. Case 语句
4. 分支程序设计

在现实生活中,我们经常要对一些事情的实际情况进行判断或选择。计算机也会根据不同情况作出各种逻辑判断,进行一定的选择。我们是通过选择结构语句来实现程序的逻辑判断功能。

第一节　Pascal 中的布尔(逻辑)类型

在前面,我们学习了整型(integer)与实型(real)。其中 integer 型数据取值范围为 -32768到32767 之间所有整数。而 real 型数据取值范围为其绝对值在 10^{-38} 到 10^{38} 之间的所有实数。它们都是数值型的(即值都为数)。布尔型(Boolean)是一种数据的类型,这种类型只有两种值,即"真"与"假"。

1. 布尔常量

在 Pascal 语言中"真"用 true 表示,"假"用 false 表示。所以布尔类型只有 true 与 false 两个常量。

2. 布尔变量(boolean)

如果我们将某些变量说明成布尔型,那么这些变量就是布尔变量,它们只能用于存放布尔值(true 或 false)。

例如:

```
var  a,b:boolean;
```

3. 布尔类型是顺序类型

由于这种类型只有两个常量,Pascal 语言中规定 true 的序号为1,false 的序号为0。若某种类型的常量是有限的,那么这种类型的常量通常都有一个序号,我们称这种类型为顺序类型。如前面我们学过的整型(integer),以及后面要学到的字符型(char)都是顺序类型。

4.布尔类型的输入与输出

(1)输出。

```
var
  a,b:boolean;
begin
  a:=true;
  b:=false;
  writeln(a,b);
end.
```

(2)布尔类型变量不能直接用读语句输入。

布尔类型变量不能通过读语句给它们提供值。事实上,我们可以通过间接方式对布尔变量进行值的输入。

以下程序是错误的:

```
var
  a,b,c:boolean;
begin
  readln(a,b,c); {错误语句}
  writeln(a,b,c);
end.
```

第二节　关系表达式与布尔表达式

1.什么是关系表达式

用关系运算符(也称比较符)>、<、>=、<=、=、<>将两个算术表达式连接起来的式子就称为关系表达式(比较式)。

如:

3+7>8,x+y<10,2*7<=13 等都是关系表达式。

2.关系表达式的值

很显然,上面几个关系表达式中第一个是正确的,第三个是错误的,而第二个表达式可能是对的,也可能是错的。所以我们很容易发现,这些表达式的值是“对”的或“不对”的(或者说,是“真”的或“假”的),即关系表达式的值为布尔值。表示该比较式两端式子的大小关系是否成立。如 3+2>6 是错的,故它的值为 false。同样,45>=32 是对的,故该表达式的值为 true。

关系表达式用于表示一个命题。如“m 为偶数”可表示为:m mod 2 =0;“n 为正数”可表示为:n >0。

3. 布尔运算及布尔表达式

为了表示更复杂的命题,Pascal 还引入三种逻辑运算符:not、and、or。它们分别相当于数学上的“非”、“且”和“或”的意义。

这三个运算符的运算对象为布尔量,其中 not 为单目运算,只有一个运算对象,and 与 or 为双目运算,有两个运算对象。它们的运算真值表如下表所示。

运算真值表

a	b	not a	a and b	a or b	a xor b
false	false	true	false	false	false
false	true	true	false	true	true
true	false	false	false	true	true
true	true	false	true	true	false

于是,对于一个关系表达式,或多个关系表达式用布尔运算符连接起来的式子就称为布尔表达式。布尔表达式的值也为布尔值。

如果一个表达式里出现两个或两个以上的运算符, 则必须规定它们的运算次序。Pascal 规定:

表达式中相同优先级的运算符,按从左到右顺序计算;

表达式中不同优先级的运算符,按从高到低顺序计算;

括号优先级最高,从内到外逐层降低。

对于一个复杂的表达式可能同时包含算术运算、关系运算和逻辑运算以及函数运算。运算的优先顺序为:括号、函数、not、*、/、div、mod、and、+、-、or、xor、关系运算。

对于复杂的命题,我们可以用布尔表达式来表示。

例如:

命题:“m,n 都是偶数或都是奇数”

可表示为:

(m mod 2 =0) and (n mod 2 =0) or (m mod 2 =1) and (n mod 2 =1)。

第三节 简单的 If 语句

1. 格式

(1)if <布尔表达式>then 语句;

(2) if ＜布尔表达式＞then 语句1 else 语句2;

＊注意(2)型 if 语句中语句1后无“;”号。

2. 功能

(1)执行 if 语句时,先计算＜布尔表达式＞的值,若为 true 则执行语句,否则不执行任何操作。

(2)执行 if 语句时,先计算＜布尔表达式＞的值,若为 true 则执行语句1,否则执行语句2。

【例4-1】输入一个整数 a,判断是否为偶数。(是输出“yes”,否则输出“no”)。

```
program example4-1;
var
  a:integer;
begin
  write('a=');readln(a);
  if (a mod 2 =0) then writeln('yes') else writeln('no');
  readln;
end.
```

【例4-2】超市里卖电池,每个电池8角钱,若数量超过10个,则可打7.5折。

```
program example4-2;
var
  num:integer;price,total:real;
begin
  write('Num=');readln(Num);
  price=0.8;
  if num>10 then price:=price*0.75;
  total:=num*price;
  writeln('total=',total:0:2);
  readln;
end.
```

【例4-3】对一批货物,不超过500公斤按0.5元/公斤征税;对于超过500公斤的货物,其中500公斤按0.5元/公斤征税,其余超出部分按照0.8元/公斤征税。编写一个程序,输入货物重量,输出税额。

【分析】对于应用题,首先设计好解决题目的算法,再形成最终的程序。本题的算法是:

①输入 weight 值;

②判断 weight 值大小,选择不同计算公式计算 tax。

③输出 tax 的值。

【源程序】

```
var
   weight,tax:real;
begin
   readln(weight);
   if weight<=500 then tax:=0.5*weight
                        else tax:=500*0.5+(weight-500)*0.8;
   writeln('weight=',weight);
   writeln('tax=',tax);
end.
```

第四节　复合语句

在第三节的 if 语句格式中,规定 then 后面的语句只能是一个基本语句,如果需要使用多个语句(或称为一组语句),就应当使用复合语句。

每个复合语句的范围是从 Begin 开始到与它相对应的 End 为止。复合语句的地位和一个基本语句相同;其一般格式为:

```
begin
   语句系列;
end;
```

【例 4-4】读入三个不同的整数,编程按由小到大的顺序排列出来。

【分析】

假设读入的三个数为 a,b,c,我们采用下面的步骤来把这三个数从小到大排序:

(1)如果 a>b 就交换 a、b 的值,将较大的值换至后面;

(2)如果 a>c 就交换 a、c 的值,将较大的值换至后面;

(3)如果 b>c 就交换 b、c 的值,将较大的值换至后面;

(4)输出处理后的 a,b,c。

【源程序】

```
var
   a,b,c,t: integer;
begin
   write('input a,b,c=');
   readln(a,b,c);
   if a>b then begin t:=a;a:=b;b:=t;end;
   if a>c then begin t:=a;a:=c;c:=t;end;
   if b>c then begin t:=b;b:=c;c:=t;end;
   writeln('a=',a:6,'b=' b:6,'c=', c:6);
   readln;
end.
```

强化训练

老张有 x 元钱，打算存入银行两年。可以有两种储蓄方法：一种是存两年，年利率是 4.50%；一种是先存一年，年利率是 3.87%，到期时再把本金和税后利息取出来合在一起，再存一年。老张选择哪种储蓄方法得到的利息多?（利息税 5%）

请编程，由键盘输入 x，如果是第一种方法好，输出 1，若是第二种方法好，则输出 2。

第五节　If 语句的嵌套

在 if 语句中，如果 then 子句或 else 子句仍是一个 if 语句，则称为 if 语句的嵌套。

【例 4-5】计算下列函数 $y=\begin{cases}1 & x>0\\0 & x=0\\-1 & x<0\end{cases}$

【分析】根据输入的 x 值，先分成 x>0 与 x≤0 两种情况，然后对于情况 x≤0，再区分 x 是小于 0，还是等于 0。

【源程序】

```
var
   x:real;
   y:integer;
begin
   write('input  x:');
   readln(x);
   if  x>0   then  y:=1{x>0 时,y 的值为 1}
             else  {x≤0 时}
             if x=0   then  y:=0
                          else  y:=-1;
   writeln('x=',x:6:2,'y=',y);
end.
```

第六节　Case 语句

上面我们知道可以用嵌套的 if 语句实现多分支的选择结构。但是如果分支越来越多时，用嵌套的 if 语句实现多分支就显得繁杂。当多分支选择的各个条件由同一个表达式的不同结果值决定时，可以用 case 语句实现。它的选择过程，很像一个多路开关，即由 case 语句的选择表达式的值,决定切换至哪一语句去工作。因此在分支结构程序设计中,它是一种强有力的手段。在实现多路径分支控制时,用 case 对某些问题的处理和设计,比用 if 语句写程序更简洁、清晰。

1. 情况语句的一般形式:

```
case  表达式  of
  常量表 1:语句 1;
  常量表 2:语句 2;
  ……
  常量表 n:语句 n;
  [else  语句 n+1];
end;
```

其中 case、of、end 是 Pascal 的保留字，表达式的值必须是顺序类型,它可以是整型、布尔型、字符型、枚举型或子界型。常量表是一串用逗号隔开的与表达式类型一致的常量序列。语句可以是任何语句,包括复合语句和空语句。

2. case 语句的执行过程

先计算表达式(称为情况表达式)的值,如果它的值等于某一个常量(称为情况常量,也称情况标号),则执行该情况常量后面的语句,在执行完语句后,跳到 case 语句的末尾 end 处。

3. 说明

(1)情况表达式必须是顺序类型的。

(2)情况常量是情况表达式可能具有的值,因而应与情况表达式具有相同的类型。

(3)情况常量出现的次序可以是任意的。

(4)同一情况常量不能在同一个 case 语句中出现两次或两次以上。

(5)每个分语句前可以有一个或若干个用逗号隔开的情况常量。

(6)如果情况表达式的值不落在情况常量的范围内,则认为本 case 语句无效,执行 case 语句的下一个语句。Free Pascal 中增加了一个“否则”的情况,即增加一个 else 子句,但也是可省的。

(7)每个常量后面只能是一个语句或一个复合语句。

【例 4-6】根据 x 的值,求函数 y 的值:

$$y=\begin{cases}x+1 & 0<x<100\\ x-1 & 100\leqslant x<200\\ -1 & \text{其余}\end{cases}$$

【分析】

利用 case 语句进行程序设计，关键在于巧妙地构造情况表达式。本例中三种情况可用一个表达式区分出来：trunc（x/100）。因为 x 在（0，100）之间时表达式值为 0；x 在［100，200］时表达式值为 1 ；其余部分可用 else 子句表示。

【源程序】

```
var
  x,y:real;
begin
  write('input x:');
  readln(x);
  case trunc(x/100) of
    0:y:=x+1;
    1:y:=x-1;
    else y:=0;
  end;{end of case}
  writeln('x=',x:8:2),'y=',y:8:2);
end.
```

【例 4-7】从键盘输入一个四位数，输出用这个四位数的各位数字排列出来的最大四位数。如输入 3451，则输出 5431。

【分析】

将输入的四位数 x 的四个数字分离出来，分别存放在变量 a、b、c、d 中，然后再对 a、b、c、d 四个数排序。假设 a 表示原来千位上的数，b 表示百位上的数，c 表示十位上的数，d 表示个位上的数，则

```
a=x div 1000
b=(x div 100) mod 10
c=(x div 10) mod 10
d=x mod 10
```

【源程序】

```
var
  x,a,b,c,d,t:integer;
begin
  read(x);
  a:=x  div  1000;
  b:=(x  div  100)  mod  10;
  c:=(x  div  10)  mod  10;
  d:=x  mod  10;
  if a<b then begin  t:=a;a:=b;b:=t;end;
  if a<c then begin  t:=a;a:=c;c:=t;end;
  if a<d then begin  t:=a;a:=d;d:=t;end;
  if b<c then begin  t:=b;b:=c;c:=t;end;
```

```
    if b<d then begin  t:=b;b:=d;d:=t;end;
    if c<d then begin  t:=c;c:=d;d:=t;end;
    writeln(a*1000+b*100+c*10+d);
end.
```

强化训练

一、阅读程序，写出结果

(1)

```
program Program1;
var
    a,x,y,ok1,ok2:integer;
begin
    a:=100;
    x:=10;
    y:=20;
    ok1:=5;
    ok2:=0;
    if ((x>y) or ((y<>20) and (ok1=0)) and (ok2<>0)) then  a:=1
    else
    if ((ok1<>0) and (ok2=0)) then  a:=-1
    else  a:=0;
    writeln(a);
end.
```

输出：______

(2)

```
program Program2;
var
    a,b,c,d,sum:longint;
begin
    read(a,b,c,d);
    a:=a mod 23;
    b:=b mod 28;
    c:=c mod 33;
    sum:=a*5544+b*14421+c*1288-d;
    sum:=sum+21252;
    sum:=sum mod 21252;
    if (sum=0)  then  sum:=21252;
    writeln(sum);
```

```
end.
```

输入:283 102 23 320

输出:_____

(3)

```
program Program3;
var
  a,b : integer;
begin
  read(a);
  b:=(a*(a*a))+1;
  if b mod 3 = 0 then b := b div 3;
  if b mod 5 = 0 then b := b div 5;
  if b mod 7 = 0 then b := b div 7;
  if b mod 9 = 0 then b := b div 9;
  if b mod 11 = 0 then b := b div 11;
  if b mod 13 = 0 then b := b div 13;
  if b mod 15 = 0 then b := b div 15;
  writeln((100*a-b) div 2);
end.
```

输入:10

输出:_____

二、程序设计

1. 输入两个正整数 a,b。b 最大不超过三位数,a 不大于 31。使 a 在左,b 在右,拼接成一个新的数 c。例如:a=2,b=16,则 c=216;若 a=18,b=476,则 c=18476。

提示:

求 c 的公式为:$c=a*K+b$

其中:

$$K=\begin{cases}10 & \text{当 B 为一位数时}(0<b<10)\\100 & \text{当 B 为二位数时}(10\leqslant b<100)\\1000 & \text{当 B 为三位数时}(100\leqslant b<1000)\end{cases}$$

第五章　循环结构和数组

【知识要点】

1. 三种循环结构
2. 循环结构程序设计
3. 枚举程序设计
4. 简单的迭代算法
5. 数组类型

第一节　For 循环语句

在实际应用中，会经常遇到许多有规律性的重复运算，这就需要掌握本章所介绍的循环结构程序设计。在 Pascal 语言中，循环结构程序通常由三种循环语句来实现。它们分别为 for 循环、当型循环和直到型循环。通常将一组重复执行的语句称为循环体，而控制重复执行或终止执行的条件为重复终止条件。因此，重复语句是由循环体及重复终止条件两部分组成。

(1) for 语句的一般格式。

for〈控制变量〉: = <表达式 1 >　to　<表达式 2 >　do　<语句 >;

for〈控制变量〉: = <表达式 1 >　downto　<表达式 2 >　do　<语句 >;

其中 for、to、downto 和 do 是 Pascal 保留字。表达式 1 与表达式 2 的值分别称为初值和终值。

(2) for 语句执行过程。

①先将初值赋给左边的变量(称为循环控制变量);

②判断循环控制变量的值是否已“超过”终值，如已超过，则跳到步骤⑥;

③如果未超过终值，则执行 do 后面的那个语句(称为循环体);

④循环变量递增(对 to)或递减(对 downto)1;

⑤返回步骤②;

⑥循环结束，执行 for 循环下面的一个语句。

(3) 说明。

①循环控制变量必须是顺序类型。例如，可以是整型、字符型等，但不能为实型。

②循环控制变量的值递增或递减的规律是:选用 to 则为递增;选用 downto 则递减。

③所谓循环控制变量的值“超过”终值，对递增型循环，“超过”指大于，对递减型循环，“超过”指小于。

④循环体可以是一个基本语句,也可以是一个复合语句。

⑤循环控制变量的初值和终值一经确定,循环次数就确定了。但是在循环体内对循环变量的值进行修改,常常会使得循环提前结束或进入死循环。建议不要在循环体中随意修改控制变量的值。

⑥for 语句中的初值、终值都可以是顺序类型的常量、变量或表达式。

【例 5-1】求出所有满足下列条件的二位数:将此二位数的个位数字与十位数字进行交换,可得到一个新的数,要求新数与原数之和小于 100。

程序要求:每行输出 6 个满足要求的数。

【分析】

枚举所有的二位数 i,然后把 i 重新组成一个新数,当满足条件时,用计数器(累加和)来统计个数。

【源程序】

```
var
  k,i,x,y:integer;
begin
  k:=0;
  for i:=10 to 99 do
  begin
    x:=i mod 10;y:=i div 10;
    j:=x*10+y;
    if i+j<100 then
    begin
      k:=k+1;
      write(i:4);
      if k mod 6=0 then writeln;
    end;
  end;
end.
```

【注意】

要注意累加器的正确使用,并将此问题扩展,拓展到累乘问题。

(1)累加器的形式为 s:=s+x;s 的初值一般为 0;

(2)累乘器的形式为 s:=s*x;s 的初值一般为 1。

请思考:

(1)如何求 1~100 之间的所有偶数和;

(2)如何求 n! =1*2*3*…*n。

【例 5－2】输入 10 个数,求其中的最大数与最小数。

【分析】设最大数放在 max 中,最小数放在 min 中,先读入第一个数,都赋给 max 和 min,以后的数,如果比当前 max 值大,就更新 max 的值,如果比当前的 min 小,就更新 min 的值。

【源程序】

```
var
  i,max,min,x:integer;
begin
  readln(x);
  max:=x;min:=x;
  for i:=1 to 9 do
  begin
    readln(x);
    if x>max then max:=x;
    if x<min then min:=x;
  end;
  writeln('max=',max,'min=',min);
end.
```

强化训练

1. 找出所有的水仙花数。水仙花数是这样的三位数,其各位数字的立方和等于该数。例如:$1^3+5^3+3^3=153$,所以 153 是一个水仙花数。

2. 输出斐波拉契(fibonacci)数列的前 20 项。

斐波拉契数列是指这样的一种数列:数列中的第 1、2 项都是 1,从第 3 项开始,该数是前 2 个数之和。

3. 求 2～1000 中的守形数(若某数的平方,其低位与该数相等,则称其为守形数。如:25 的平方等于 625,625 的低位与 25 相同,故 25 是守形数)。

第二节　While 循环语句

for 循环有时也称为计数循环,当循环次数未知,只能根据某一条件来决定是否进行循环时,用 while 语句或 repeat 语句实现循环要更方便。

(1)while 语句的形式。

while <布尔表达式> do <语句>;

其意义为:当布尔表达式的值为 true 时,执行 do 后面的语句。

(2)while 语句的执行过程。

①判断布尔表达式的值,如果其值为真,执行步骤②,否则执行步骤④;

②执行循环体语句(do 后面的语句);

③返回步骤①；

④结束循环，执行 while 的下一个语句。

说明：这里 while 和 do 为保留字，while 语句的特点是先判断，后执行。当布尔表达式成立时，重复执行 do 后面的语句（循环体）。

【例 5-3】求恰好使 s = 1 + 1/2 + 1/3 + … + 1/n 的值大于 10 时 n 的值。

【分析】

"恰好使 s 的值大于 10"意思是当表达式 s 的前 n-1 项的和小于或等于 10，而加上了第 n 项后 s 的值大于 10。

从数学角度，我们很难计算这个 n 的值。故从第一项开始，当 s 的值小于或等于 10 时，就继续将下一项值累加起来。当 s 的值超过 10 时，最后一项的项数即为要求的 n。

【源程序】

```
var
  s:real;
  n:integer;{n 表示项数}
begin
  s:=0;n:=0;
  while s<=10 do{当 s 的值还未超过 10 时}
  begin
    n:=n+1;{项数加 1}
    s:=s+1/n;{将下一项值累加到 s}
  end;
  writeln('n=',n);{输出结果}
end.
```

【例 5-4】求两个正整数 m 和 n 的最大公约数。

【分析】

求两个正整数的最大公约数可采用辗转相除法求解。

以下是辗转相除的算法：

分别用 m，n，r 表示被除数、除数、余数。

①求 m/n 的余数 r。

②若 r=0，则 n 为最大公约数，若 r≠0，执行第③步。

③将 n 的值放在 m 中，将 r 的值放在 n 中。

④返回重新执行第①步。

【源程序】

```
var
  m,n,a,b,r:integer;
begin
  write('input m,n:');
  readln(m,n);
```

```
  a:=m;b:=n;r:=a mod b;
  while r<>0 do
  begin
    a:=b;b:=r;
    r:=a mod b;
  end;
  writeln('The greatest common divide is:',b:8);
end.
```

强化训练

1. 任意输入一个正整数,将其倒序输出。如:输入 3946,输出 6493。

2. 某厂今年的产值为 100 万元,假设该厂的产值每年增长 10%,问几年后产值可以翻一番?

第三节　直到型循环(Repeat – Until 语句)

用 while 语句可以实现“当型循环”,用 repeat – until 语句可以实现“直到型循环”。repeat – until 语句的含义是:“重复执行循环,直到指定的条件为真时为止”。

(1)直到型循环语句的一般形式。

```
repeat
  <语句 1>;
  ……
  <语句 n>;
until <布尔表达式>;
```

其中 repeat、until 是 Pascal 保留字,repeat 与 until 之间的所有语句称为循环体。

(2)repeat – until 语句说明:

①repeat 语句的特点是:先执行循环,后判断结束条件,因而至少要执行一次循环体

②repeat – until 是一个整体,它是一个(构造型)语句,不要误认为 repeat 是一个语句,until 是另一个语句。

③repeat 语句在布尔表达式的值为真时不再执行循环体,且循环体可以是若干个语句,不需用 begin 和 end 把它们括起来, repeat 和 until 已经起了 begin 和 end 的作用。while 循环和 repeat 循环是可以相互转化的。

【例 5－5】猴子吃桃子问题。

猴子摘了一堆桃子，第一天吃了一半，还嫌不过瘾，又吃了一个。第二天又将剩下的桃子吃了一半零一个。以后每天如此。到了第 10 天早上，猴子一看只剩下一个桃子了。问最初猴子摘了多少只桃子。

【分析】

第 10 天 1 个桃子，第 9 天有 4 个桃子，第 8 天有 10 个桃子……依此类推。假设第 i 天有 x 个桃子，则第 i－1 天有 2 * (x+1) 个桃子。

【源程序】

```
var
  x,i:integer;
begin
  x:=1;n:=1;
  repeat
    n:=n+1;
    x:=2*(x+1);
  until n=10;
end.
```

【例 5－6】从键盘读入 10 个无序数，去掉一个最大数和一个最小数，然后求平均值，保留小数点后一位数。

【分析】

用 max 存贮最大值，用 min 存贮最小值，s 表示 10 个数的累加和，平均值 =(s－max－min)/8。

【源程序】

```
var
  i,max,min,x,s,n:integer;
  v:real;
begin
  readln(x);
  max:=x;min:=x;s:=x;n:=1;
  repeat
    readln(x);
    s:=s+x;
    n:=n+1;
    if x<min then min:=x;
    if x>max then max:=x;
  until n=10;
  s:=s-max-min;
  v:=s/8;
```

```
  writeln(v:5:1);
end.
```

强化训练

1. 由键盘输入两根木棒的长度 m、n(都为整数),要把它们截成同样长的小棒,不许剩余,每根小棒最长能有多少厘米?

2. 已知一球从 100 米高度自由落下,落下后反复弹起。每次弹起的高度都是上次高度的一半。求此球第 10 次落地后反弹起的高度和球所经过的总路程。

第四节　多重循环

类似选择结构的嵌套,循环结构也有自己的嵌套方式。在一种循环体中,可以包含各种形式的循环体,称之为循环嵌套(或多重循环)。for 句可以嵌套 for 语句,也可以嵌套 While 或 repeat - until 循环。而 while 或 repeat - until 循环也可以嵌入其他循环。选用哪一种循环方式,是根据具体题目的算法决定的。

循环在嵌套时,应当注意内循环外循环不能交叉,不同层次的循环控制变量不能重名。否则,将会产生语法错误。

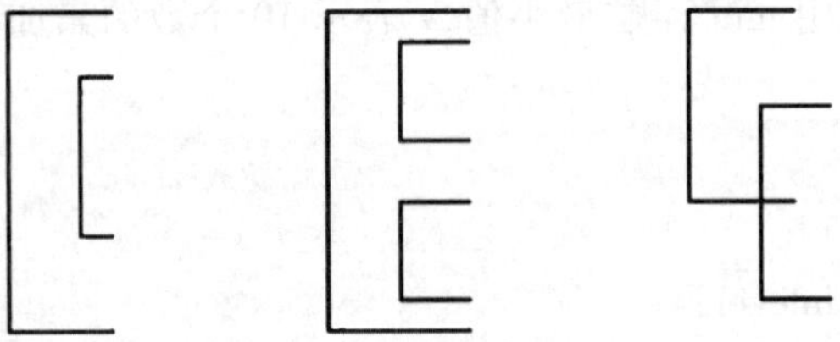

图 5 - 1　循环嵌套形式

如图 5 - 1 所示的上三种嵌套形式,前两种为全包含嵌套,是正确的;最后一种为交叉嵌套,是错误的。

下面我们举一些典型的例子,在学习多重循环的同时,也要注意一些处理具体问题的算法思想。

【例 5 - 7】一个炊事员上街采购,用 500 元钱买了 90 只鸡,其中母鸡一只 15 元,公鸡一只 10 元,小鸡一只 5 元,正好把钱买完。问母鸡、公鸡、小鸡各买了多少只?

【分析】

设母鸡 i 只,公鸡 j 只,则小鸡为 90 - i - j 只,则 15 * i + 10 * j + (90 - i - j) * 5 = 500,显然一个方程求两个未知数是不能直接求解的。必须组合出所有可能的 i,j 值,看是否满足条件。这里 i 值可以是 0 到 33,j 的值可以是 0 到 50。

【源程序】

```
var
  i,j,k:integer;
begin
  for i:=1 to 33 do
    for j:=1 to 50 do
    begin
      k:=90-i-j;
      if 15*i+10*j+5*k=500 then writeln(i:5,j:5,k:5);
    end;
end.
```

【例 5-8】求 100～200 之间的所有素数。

【分析】

我们可对 100-200 之间的每一个整数进行判断,判断它是否为素数,是则输出。而对于任意整数 i,根据素数定义,我们从 2 开始,找 i 的第一个约数。若找到第一个约数,则 i 必然不是素数。否则 i 为素数。

【源程序】

```
var
  i : integer;
  x : integer;
begin
  for i:=100 to 200 do
  begin
    x:=2;
    while (x<=trunc(sqrt(i))) and (i mod x<>0) do  x:=x+1;
    if x>trunc(sqrt(i)) then write(i:8);
  end;
end.
```

强化训练

1. 母牛生小牛

【问题描述】

有一头小母牛,从出生第四年起每年生一头小母牛,按此规律,第 N 年时有几头母牛?

【输入】

只有一个整数 N,独占一行。(1≤N≤50)

【输出】

对每组数据,输出一个整数(独占一行)表示第 N 年时母牛的数量。

【样例输入 1】

4

【样例输出 1】

2

【样例输入 2】

20

【样例输出 2】

872

2. 陶陶摘苹果

【问题描述】

陶陶家的院子里有一棵苹果树，每到秋天树上就会结出 10 个苹果。苹果成熟的时候，陶陶就会跑去摘苹果。陶陶有个 30 厘米高的板凳，当她不能直接用手摘到苹果的时候，就会踩到板凳上再试试。

现在已知 10 个苹果到地面的高度，以及陶陶把手伸直的时候能够达到的最大高度，请帮陶陶算一下她能够摘到的苹果的数目。假设她碰到苹果，苹果就会掉下来。

【输入】

输入包括两行数据。第一行包含 10 个 100 到 200 之间(包含 100 和 200)的整数(以厘米为单位)分别表示 10 个苹果到地面的高度，两个相邻的整数之间用一个空格隔开。第二行只包含一个 100 到 120 之间(包含 100 和 120)的整数(以厘米为单位)，表示陶陶把手伸直的时候能够达到的最大高度。

【输出】

输出一行数据，这一行只包含一个整数，表示陶陶能够摘到的苹果的数目。

【样例输入】

100 200 150 140 129 134 167 198 200 111

110

【样例输出】

5

3. 敲七

【问题描述】

读入一个整数 n，输出 1 ~ n 中 7 和 7 的倍数，还有包含 7 的数字。

例如：17，27，37，…，70，71，72，73……

【样例输入】

15

【样例输出】

7

14

第五节　控制循环流程或程序的语句

在循环结构中有两个常用的控制循环流程的语句:continue 语句和 break 语句。

1. continue **语句**

功能:将循环控制返回到条件判断处。
格式:continue;

2. break **语句**

功能:强制退出 break 语句所在的最内层循环。
格式:break;

3. halt **语句**

功能:中止程序运行。
格式:halt;

4. exit **语句**

功能:递归运用时返回到上一层过程或函数。
格式:exit;或 exit( );括号中可以带参数,赋给函数。
【例 5 -9】求 10 ~10000 之间所有的素数。
【分析】
对 10 ~10000 之间的每个整数进行判断,判断它是否为素数,是则输出。我们在判断是否为素数时,对程序进行一些优化:如果这个数是偶数,不需要进行判断;如果找到这个数的一个因子(除 1 和本身以外),就判断出这个数不是素数。用 F7 跟踪下述程序,了解其运行的过程。
【源程序】

```
var
  i,j:integer;
  check:boolean;
begin
  for i:=10 to 10000 do
  begin
    if i mod 2=0 then continue;{如果是偶数,就不需判断,直接往下循环找}
    check:=true;
    for j:=2 to trunc(sqrt(i)) do
    if i mod j=0 then
```

```
    begin
      check:=false;
      break;{找到了一个因子,退出内循环}
    end;
    if check=true then write(i:5);
  end;
end.
```

第六节　一维数组

如果有多个数据怎么办？我们能不能简单地把其中任一个数表达出来？用以前的知识,我们要用变量,每个变量对应一个数。假如数量太多了,怎么办？

数组类型能解决这个问题。

我们把只有一个下标的变量的集合叫做一维数组。

如:a[1],a[2],a[3]……

1. 一维数组的定义

一维数组定义的格式如下:

```
type
  数组名=array[下标1..下标2] of 基类型;
```

数组名是用户取的名字,array 和 of 是保留字;下标是一个有序类型,可以是整型、字符型、布尔型,还有后面要讲的枚举型、子界型等。基类型是整型、实型、布尔型、字符型、子界型、枚举型等。

如:

```
type
  data=array[1..20] of integer;
var
  a:data
```

可以合在一起说明:

```
var
  a:array[1..20] of integer;
```

上面定义了一个一维数组 a,它自动生成 20 个下标变量,分别叫做 a[1],a[2],a[3],…,a[20]。每个下标变量都是整型变量。

再看看下面的例子:

```
type
  bb=array[5..10] of boolean;
  cc=array['A'..'Z'] of real;
```

```
var
  b:bb;
  c:cc;
```

经过以上的定义后,有:

(1)数组 b 生成了 6 个下标变量,分别是:b[5],b[6],b[7],b[8],b[9],b[10]。每个变量的类型都是布尔型。如:b[5] = true;b[6] = false 等。

(2)数组 c 生成了 26 个下标变量,分别是 c['A'],c['B'],…,c['Z']。每个变量的类型都是字符型。如:c['A'] = 3.447,c['B'] = 2.0,…,c['Z'] = 5.5。

2. 一维数组元素的引用

引用某个数组元素的形式为:

<数组名>[下标]

当一维数组的下标变量较少时,可以直接引用。如:

```
var
  a:array[1..5] of integer;
begin
  a[1]:=5;
  a[2]:= -2;
end.
```

当数组输入输出的量比较大时,我们要考虑用循环的方法来解决这个问题。因为下标变量中的下标可以用变量及表达式,所以用循环比较方便。

【例 5-10】数列问题。

有一列数,已知它的前三项分别为 0,1,1,以后每一项都是前 3 项之和,求它的第 10 项。

【分析】

在这里,我们假设用数组 a 来存放这一列数,那么 a[1] = 0,a[2] = 1,a[3] = 1,以后的每一项 a[i] = a[i-1] + a[i-2] + a[i-3],4 < = i < = 10.

【源程序】

```
const
  n = 10;
var
  a:array[1..n] of integer;
  i:integer;
begin
  a[1]:=0;a[2]:=1;a[3]:=1;
  for i:=4 to 10 do
    a[i]:=a[i-1]+a[i-2]+a[i-3];
  writeln(a[10]);
end.
```

【例 5－11】元素的删除问题。

从键盘输入 10 个大小不同的数，次序凌乱地放在 A 数组中，请找出其中的最大数以及最大数据所在的位置，并将该数删除，它后面的元素依次前移。

【分析】

该问题有两个问题需要解决：找最大数及最大数所在的位置。然后把 t 后面的元素往前面移。

【源程序】

```
var
  a:array[1..10] of integer;
  i,max,t:integer;
begin
  for i:=1 to 10 do read(a[i]);
  max:=a[1];t:=1;
  for i:=2 to 10 do
  if a[i]>max then begin max:=a[i];t:=i;end;
  for i:=t to 9 do a[i]:=a[i+1];
  writeln;
  for i:=1 to 9 do write(a[i]:5);
end.
```

【例 5－12】元素的排序问题。

将 10 个数按从小到大的顺序排列出来。

【分析】

排序的方法有很多，我们先学习"选择排序"的方法。算法如下：

将 10 个数存入数组 a 中。第一次，将 a[1] 与 a[2]－a[10] 的数逐个比较，如果比 a[1] 大，就不作交换；否则，将两个元素的值交换。这样，比完一次后，a[1] 中存的数就是最大数了。依此类推，逐次在 a[2] 中存次大数，a[3] 中存第三大数……

【源程序】

```
var
  a:array[1..10] of integer;
  i,j,t:lnteger;
begin
  for i:=1 to 10 do read(a[i,j]);
  for i:=1 to 9 do
    for j:=i+1 to 10 do
    if a[i]>a[j] then
    begin
      t:=a[i];a[i]:=a[j];a[j]:=t;
    end;
```

```
    writeln;
    for i: =1 to 10 do write(a[i]:5);
end.
```

强化训练

1. 校门外的树

【问题描述】

某校大门外长度为 L 的马路上有一排树，每两棵相邻的树之间的间隔都是 1 米。我们可以把马路看成一个数轴，马路的一端在数轴 0 的位置，另一端在 L 的位置；数轴上的每个整数点，即 0，1，2，…，L 都种有一棵树。

由于马路上有一些区域要用来建地铁。这些区域用它们在数轴上的起始点和终止点表示。已知任一区域的起始点和终止点的坐标都是整数，区域之间可能有重合的部分。现在要把这些区域中的树（包括区域端点处的两棵树）移走。你的任务是计算将这些树都移走后，马路上还有多少棵树。

【输入】

输入的第一行有两个整数 L(1 <= L <= 10000)和 M(1 <= M <= 100)，L 代表马路的长度，M 代表区域的数目，L 和 M 之间用一个空格隔开。接下来的 M 行每行包含两个不同的整数，用一个空格隔开，表示一个区域的起始点和终止点的坐标。

【输出】

输出一行数据，这一行只包含一个整数，表示马路上剩余的树的数目。

【样例输入】

500　3
150　300
100　200
470　471

【样例输出】

298

2. 找数字

【问题描述】

输入 n 个(n <=1000)整数，和一个待查询的整数，将前者读到数组 a 中，将后者读到变量 x 中。从 a 中查找与 x 值相同的元素，若找到就输出这个元素的序号，如果与 x 相同的有多个元素，则只需输入第一个元素的序号；若没找到就输出数组 a 中比 x 小的整数的个数

【样例输入】

2　93　23　90　27　7(不知多少个，用 eoln()函数)
10(变量 x)

【样例输出】

2　(没找到，有 2 个数比 10 小)

第七节　二维数组

多维数组就是值为数组类型的一维数组，即“数组的数组”。例如，二维数组就可以看作是值为一维数组的一个一维数组。

其定义方法是：

```
type
  数组名 = array[下标类型 1] of array[下标类型 2] of 基类型;
```

举例：

```
type
  square = array[1..5] of array[1..5] of real;
var
  s:square;
```

这里，s 就被定义成一个二维数组类型，共有 5 * 5 = 25 个元素，更直观地理解，s 数组相当于一个 5 * 5 的矩阵，各分量为 s[1][1]，s[1][2]，…，s[5][5]。

二维数组还有一个等效格式，即：

```
type
  数组名 = array[下标类型 1,下标类型 2] of 基类型;
```

同样，描述数组分量也有等效格式，如 s[1][2]也可以写作 s[1,2]。

在这里，下标类型和一维数组完全一样，可以为整型的子界型，枚举型，字符型，布尔型等。两个下标类型之间用逗号隔开。后面的数组类型同样为各种基类型，如整型、实型、布尔型、字符型……

举例：

```
type
  aa = array[1..5,1..4] of integer;
  bb = array['A'..'D','A'..'E'] of real;
  cc = array[1..3,1..5] of boolean;
var
  a:aa;
  b:bb;
  c:cc;
```

以上语句也可以这样定义：

```
var
  a:array[1..5,1..4] of integer;
  b:array['A'..'D','A'..'E'] of real;
  c:array[1..3,1..5] of boolean;
```

于是，产生了三个数组 a，b，c。我们以 a 为例来进行分析：系统给数组 a 分配了 20 个存

贮变量,它们分别是:

a[1,1]　a[1,2]　a[1,3]　a[1,4]
a[2,1]　a[2,2]　a[2,3]　a[2,4]
a[3,1]　a[3,2]　a[3,3]　a[3,4]
a[4,1]　a[4,2]　a[4,3]　a[4,4]
a[5,1]　a[5,2]　a[5,3]　a[5,4]

这 20 个下标变量都是整型变量,用两个数据作下标则表示的数的排列不再是一条线了,而是一个面。

由二维数组推而广之,可以知道多维数组的定义方法和使用方法。

定义有两种格式:

```
type
  数组名 = array[下标类型 1]  of
           array[下标类型 2]  of
           …of  array[下标类型 n]   of   基类型;
```

或

```
type
  数组名 = array[下标类型 1,下标类型 2,…,下标类型 n]  of  基类型;
```

多维数组的输入和输出照样可以用循环实现,而且很方便。

【例 5-13】有一个 3*3 的二维数组,求它的两条对角线元素的值之和。

【分析】

一个 3*3 的矩阵,如下所示:

2	3	5
5	8	9
2	1	7

两条对角线的下标分别是(1,1)、(2,2)、(3,3)和(1,3)、(2,2)、(3,1),如果用 i,j 分别表示行下标和列下标,则第一条对角线是:i = j,第二条对角线是 i + j = 4。

【源程序】

```
var
  a:array[1..3,1..3]  of  integer;
  i,j,s:integer;
begin
  {输入矩阵}
  for   i:=1  to 3  do
    for j:=1  to 3  do
    read(a[i,j]);
  s:=0;
  for   i:=1  to 3  do
    for j:=1  to 3  do
```

```
    if (i=j) or (i+j=4) then s:=s+a[i,j];
  writeln('s=',s);
end.
```

【例 5-14】输入一个五行五列的矩阵,然后:

(1)输出矩阵;

(2)将主对角线之外的上三角形的每个元素加 1,下三角形的每个元素减 1,形成新的矩阵并输出;

(3)找出该矩阵中绝对值最大的元素,同时找出其行列值。

【源程序】

```
var
  a:array[1..5,1..5] of integer;
  i,j,i1,j1,max:integer;
begin
  for i:=1 to 5 do
    for j:=1 to 5 do read(a[i,j]);
  for i:=1 to 5 do
  begin
    for j:=1 to 5 do write(a[i,j]:4);
    writeln;
  end;
  writeln;
{对角线以上的每个元素加 1,以下的每个元素减 1,输出新矩阵}
  for i:=1 to 5 do
  begin
    for j:=1 to 5 do
    begin
      if i<j then a[i,j]:=a[i,j]+1;
      if i>j then a[i,j]:=a[i,j]-1;
      write(a[i,j]:4);
    end;
    writeln;
  end;
  writeln;
{找出最大元素,并记录下该元素的下标}
  max:=a[1,1];
  for i:=1 to 5 do
    for j:=1 to 5 do
    if max<a[i,j] then
```

```
    begin
      max: = a[i,j];
      i1: = i;j1: = j;
    end;
    writeln('the max munber is a[',i1,',',j1,'] =',max);
end.
```

强化训练

1. 杨辉三角

【问题描述】

input

输入一个整数 N(N 不大于 34)。

output

输出一个 N 行的杨辉三角

【样例输入】

6

【样例输出】

```
1
1  1
1  2  1
1  3  3  1
1  4  6  4  1
1  5  10 10  5  1
```

2. 子数整数

【问题描述】

对于一个五位数 a1a2a3a4a5,可将其拆分为三个子数:

sub1 = a1a2a3

sub2 = a2a3a4

sub3 = a3a4a5

例如,五位数 20207 可以拆分成:

sub1 = 202

sub2 = 020(= 20)

sub3 = 207

现在给定一个正整数 K,要求你编程求出 10000 到 30000 之间所有满足下述条件的五位数,条件是这些五位数的三个子数 sub1,sub2,sub3 都可被 K 整除。

【输入】

由键盘输入,输入仅一行,为正整数 K(0 < K < 1000)。

【输出】

输出的每一行为一个满足条件的五位数,要求从小到大输出。不得重复输出或遗漏。如果无解,则输出“No”。

【样例输入】

15

【样例输出】

22555

25555

28555

30000

3. 明明的随机数

【问题描述】

明明想在学校中请一些同学一起做一项问卷调查,为了实验的客观性,他先用计算机生成了 N 个 1 到 1000 之间的随机整数(N≤100),对于其中重复的数字,只保留一个,把其余相同的数去掉,不同的数对应着不同的学生的学号。然后再把这些数从小到大排序,按照排好的顺序去找同学做调查。请你协助明明完成“去重”与“排序”的工作。

【输入】

输入有 2 行,第 1 行为 1 个正整数,表示所生成的随机数的个数:N;

第 2 行有 N 个用空格隔开的正整数,为所产生的随机数。

【输出】

输出也是 2 行,第 1 行为 1 个正整数 M,表示不相同的随机数的个数。

第 2 行为 M 个用空格隔开的正整数,为从小到大排好序的不相同的随机数。

【样例输入】

10

20 40 32 67 40 20 89 300 400 15

【样例输出】

8

15 20 32 40 67 89 300 400

第六章　字符串和进制的转换

【知识要点】

1. 字符串与字符数组
2. 进制的转换

第一节　字符串

前面我们学习了字符型,字符是单个的符号,而字符串是由若干个字符连接在一起而构成的。

1. 字符串的定义

字符串实际上是指一个字符型的数组。如:

```
var
  d:array[1..100]  of  char;
```

那么数组 d 则可以存放 100 个字符了,它就是一个字符串。

下面来看一个 30 个字符的字符串的输入和输出操作例子:

```
var
  c:array[1..30] of char;
  i:integer;
begin
  writeln('input  a  string:');
  for i:=1  to  30  do  read(c[i]);
  writeln;
  for i:=1  to  30  do  write(c[i]);
end.
```

这里我们学习一种新的数据类型:字符串型,它用 string[n]表示。括号中的 n 表示该字符串允许的长度为多少。n 值一般不超过 255。

其定义格式如下:

```
type
  类型名=string[n];
```

举例:

```
type
  cc = string[20];
var
  c,d:cc;
```

于是,就可以对字符串变量 c,d 赋值了:

```
c:='I AM   A   STUDENT';
d:='12345678901234567890';
```

在定义时,我们给变量 c,d 的长度为 20,但是 c 的长度不够。不够没关系,但不要超出。

字符串类型的输出也很方便,直接用 write 语句输出即可。

```
write(c,d)
```

以上的定义方式也可以这样定义:

```
var
  c,d:string[20];
```

在定义字符串时,也可以在 string 后不加"[n]",也就是直接写 string,其默认的参数是 255 个字符。

2. 字符串的运算

(1)大小比较。

字符串大小比较的依据是字符在 ASCII 码中的大小。我们知道字符有大有小,如'A' < 'B','A' < 'a','9' < 'A'……那么,字符串比较大小的规则是这样的:首先两字符串的第一个字符相比较,字符大,则字符串大,如果第一个字符相等,则比较第二个字符,字符大者字符串大……字符串的大小并不是比长短。如:

```
'B' > 'ABCDEFG'
'EFG' < 'FGHIJK'
'abc' > 'ABC'
'ABCD' > 'ABC'
……
```

(2)字符串的连接运算。

连接运算用加号表示,其操作是把两字符串首尾连接。

举例:

```
st1:='1234';
st2:='ABCD';
```

则 st1 + st2 的结果是:'1234ABCD',st2 + st1 的结果是:'ABCD1234'。

(3)求字符串的长度函数:length(字符串)。

这是一个测量括号中字符串的长度的函数,其结果是整型数据。

如:

```
length('ABCD123') = 7;
length('ASD   ASD   ASD') = 11。
```

(4)求子串函数:copy 函数。

该函数的格式是:copy(字符串,m,n),它表示的是在字符串中从第 m 个字符开始取 n 个字符。

如:

st: = 'ABCDEFG　HIJKL';

copy(st,3,5) = 'CDEFG';

copy(st,10,8) = 'IJKL';

第二条命令虽要求取 8 个字符出来,但从第 10 个字符开始后面只有 4 个字符了,所以只显示这 4 个字符。

(5)concat 函数。

该函数的格式是:concat(字符串 1,字符串 2,字符串 3……)。

其作用是将括号中的字符串首尾连接起来。但是长度超过 255 则报错。

如:

concat('ABC','123','ZZZ') = 'ABC123ZZZ'

(6)pos 函数。

其格式为:pos(字符串 1,字符串 2)。

其作用是在字符串 2 中查找字符串 1 第一次出现的位置,如找到了,则返回位置号,如没找到,则返回 0。

如:

pos('EFG','ABCDEFGHI') = 5;

pos(　'45','12□□3456') = 6;

pos('123','ABCDEFG') = 0;

(7)delete 过程。

该过程的格式为:delete(字符串,m,n)。

其作用是在字符串中,从第 m 个字符开始删除 n 个字符。

如:

st: = 'ABCDEFGH';

则执行 delete(st,3,2)过程后,st 的值变成'ABEFGH'。

(8)insert 过程。

该过程的格式是:insert(字符串 1,字符串 2,m)。

其作用是把字符串 1 插入到字符串 2 中的第 m 个字符之前。

如:

st: = 'ABCDEF';

则执行过程 insert('123',st,3)后,str 的值变成'AB123CDEF'。

(9)val(s,n,code)过程。

val 语句把字符串型的数值 s 转换成数值型数据存入变量 n 中,如果转换正确,code 中存入 0,否则存入出错的位置(code 必须是整型变量)。

(10)str(x,s)过程。

str 语句把数值型的 x 转换成字符串,存入 s 中。

【例 6-1】谁是冠军。

【问题描述】

甲乙丙丁戊五个人在运动会上分获百米、二百米、跳高、跳远和铅球冠军，有四个人猜测比赛结果：

A 说：乙获铅球冠军，丁获跳高冠军。

B 说：甲获百米冠军，戊获跳远冠军。

C 说：丙获跳远冠军，丁获二百米冠军。

D 说：乙获跳高冠军，戊获铅球冠军。

其中每个人都只说对一句，说错一句。求五人各获哪项冠军。

【分析】

这个例题是典型的逻辑判断问题，逻辑判断的关键是把自然语言转换成计算机能够理解的逻辑表达式。

用 1、2、3、4、5 分别代表百米、二百米、跳高、跳远和铅球 5 个项目，用 a、b、c、d、e 分别代表甲、乙、丙、丁、戊五人。

题目给出的条件是四个人各说对了一半，即各有一个判断是对的。题目中的条件写成逻辑表达式为：

```
ord(b=5)+ord(d=3)=1;
ord(a=1)+ord(e=4)=1;
ord(c=4)+ord(d=2)=1;
ord(b=3)+ord(e=5)=1;
```

这四个逻辑表达式同时成立，则就是题目的解。

【源程序】

```
var
  a,b,c,d,e:integer;
begin
  for a:=1 to 5 do
    for b:=1 to 5 do
      for c:=1 to 5 do
        for d:=1 to 5 do
        begin
          e:=15-a-b-c-d;
          if (ord(b=5)+ord(d=3)=1) and (ord(a=1)+ord(e=4)=1) and
           (ord(c=4)+ord(d=2)=1)  and  (ord(b=3)+ord(e=5)=1)
          and (a*b*c*d*e=120)  then
          writeln('a:',a,'b:',b,'c:',c,'d:',d,'e:',e);
        end;
end.
```

【例 6-2】执行任务。

【问题描述】

有一项任务,要求从 a、b、c、d、e、f 六人中选若干人去完成,条件是:

(1)a、d 不能同时去;

(2)a、b 至少有一个人去;

(3)b、c 两人都去或都不去;

(4)a、e、f 中两个人去;

(5)c、d 中去一个人;

(6)若 d 不去,则 e 也不去。

请找出选哪几个人去执行任务。

【分析】

每个人都只有两种选择:去或者不去,用 1 表示去,用 0 表示不去,根据六个条件可得到下面六个关系式:

a + d < 2;
a + b > 0;
b = c;
a + e + f = 2;
c + d = 1;
e = e * d;

【源程序】

```
var
   a,b,c,d,e,f:integer;
begin
  for a:=0 to 1 do
     for b:=0 to 1 do
        for f:=0 to 1 do
        begin
           c:=b;d:=1-c;e:=2-a-f;
           if (a+d<2) and (a+b>0) and (e=e*d) then
           begin
              if a=1 then write('a');
              if b=1 then write('b');
              if c=1 then write('c');
              if d=1 then write('d');
              if e=1 then write('e');
              if f=1 then write('f');
              writeln;
           end;
```

```
    end;
end.
```

强化训练

1. 谁是小偷?

甲、乙、丙、丁四个人中有一个人是小偷,请根据四个人的谈话判断谁是小偷。已知四人中有一个人说假话。

甲:我不是小偷。　乙:丙是小偷。

丙:丁是小偷。　　丁:丙说谎。

2. 四大湖问题

上地理课时,四个学生回答我国四大淡水湖的大小时说:

甲:洞庭湖最大,洪泽湖最小,鄱阳湖第三。

乙:洪泽湖最大,洞庭湖最小,鄱阳湖第二,太湖第三。

丙:洪泽湖最小,洞庭湖第三。

丁:鄱阳湖最大,太湖最小,洪泽湖第二,洞庭湖第三。

对于每个湖的大小,每人仅答对了一个。请判断四个湖的大小。

第二节　计算机中数的表示

计算机内部存储、处理和传输的信息都是以二进制码表示的,不是我们日常生活中使用的十进制数。

计算机中大量采用了电子元件,这些电子元件中,电路的通与断、电位的高与低,这两种状态非常容易实现,也非常稳定。因此计算机选用二进制作为内部传输信息的方法。

下面介绍常见的进制数。

1. 十进制数

十进制数有十个基数,即0,1,2,…,7,8,9。

十进制数是逢“十”进位的。

$(123)_{10}=1*10^2+2*10^1+3*10^0$

2. 二进制数

二进制数有二个基数,即0,1。

二进制数是逢“二”进位的。

$(11011)_2=1*2^4+1*2^3+0*2^2+1*2^1+1*2^0=(27)_{10}$

3. 八进制数

八进制数有八个基数，即0,1,2,3,…,7。

八进制数是逢“八”进位的。

$(256)_8 = 2*8^2 + 5*8^1 + 6*8^0 = (174)_{10}$

4. 十六进制数

十六进制数有十六个基数，即0,1,2,…,9,A,B,C,D,E,F。

十六进制数是逢“十六”进位的。

$(256)_{16} = 2*16^2 + 5*16^1 + 6*16^0 = (598)_{10}$

第三节　不同进制数之间的转换

1. 十进制数转换成P进制数

十进制数转换成P进制数(二、八、十六进制数)，通常采用的方法是：除P反序取余法。

把十进制整数除以P，把余数记下来，再把所得的商除以P，直到商为0为止，把每次所得的余数从最后一位读起，就是十进制整数的P进制表示方法。

把十进制数69转换成二进制数，方法是：

69÷2=34　……余数=1

34÷2=17　……余数=0

17÷2=8　……余数=1

8÷2=4　……余数=0

4÷2=2　……余数=0

2÷2=1　……余数=0

1÷2=0　……余数=1

反序取余可得：$(69)_{10} = (1000101)_2$，转换成其他进制，也可按照此方法。

2. 十进制小数转换成P进制小数

把十进制小数转换成P进制小数，通常采用的方法是：乘P取整法。

即把十进制小数乘以P，取出乘积的整数部分，再用剩下的小数部分乘以P，直到乘积为0或达到小数点后某一位精度要求时为止，把乘积的整数部分排列起来就是二进制的表示方法。

如，把十进制小数0.6875转换成二进制小数的方法如下：

0.6875＊2=1.3750 ……积的整数部分=1

0.3750＊2=0.7500 ……积的整数部分=0

0.7500＊2=1.5000 ……积的整数部分=1

0.5000 * 2 = 1.000 ……积的整数部分 = 1

由上向下取整可得：$(0.6875)_{10} = (0.1011)_2$

3. P 进制整数转换成十进制整数

把一个 n 位的 P 进制整数转换成十进制整数，通常采用的方法是：把这个数的最高位乘以 P^{n-1}，加上次高位乘以 P^{n-2}……一直加到最后一位乘以 P^0，其和就是十进制形式。具体可参考前面的例子。

4. P 进制小数转换成十进制小数

把一个 n 位的 P 进制小数转换成十进制小数，通常采用的方法是：把这个数的最高小数位乘以 P^{-1}，加上次高小数位乘以 P^{-2}……一直加到最后一位小数位乘以 P^{-n}，其和就是它的十进制表达形式。

如，把二进制数 0.1011 转换成十进制数。

$(0.1011)_2 = 1*2^{-1} + 0*2^{-2} + 1*2^{-3} + 1*2^{-4} = (0.6875)_{10}$

又如，把二进制数 11011.1011 转换成十进制数。

$(11011.1011)_2 = 1*2^4 + 1*2^3 + 0*2^2 + 1*2^1 + 1*2^0 + 1*2^{-1} + 0*2^{-2} + 1*2^{-3} + 1*2^{-4} = (27.6875)_{10}$

5. 二进制与八进制之间的互换

如表 6－1 所示，每位八进制位可以用三位二进制位来表示。

表 6－1　二进制与八进制转换数值对应表

八进制	0	1	2	3	4	5	6	7
二进制	000	001	010	011	100	101	110	111

二进制转换成八进制：因为每三位二进制可以用一位八进制来表示，所以只要把每三位二进制数用八进制表示出来，连接起来就是这个二进制数的八进制形式。

例：将二进制数 101110010.1011 转换成八进制。

我们作如下处理：

101，110，010 ． 101，100

5　 6　 2 ． 5　 4

所以 $(101110010.1011)_2 = (562.54)_8$

注意：

(1)整数部分由个位数开始由右向左每三位为一组，不足三位左边补 0；

(2)小数部分由十分位数开始由左向右每三位为一组，不足三位右边补 0。

八进制转换成二进制：每位八进制可以用三位二进制来表示，因而只要从高位到低位，把八进制的每个数码用三位二进制表示出来，就是八进制数的二进制形式。

例:把八进制数 364.12 转换成二进制。

3 6 4 . 1 2

011, 110, 100 . 001, 010

因此,$(364.12)_8 = (11110100.001010)_2$

6. 二进制与十六进制之间的互换

如表 6-2 所示,每位十六进制位可以用四位二进制来表示。

表 6-2 二进制与十六进制数值对应表

十六进制	0	1	2	3	4	5	6	7
二进制	0000	0001	0010	0011	0100	0101	0110	0111
十六进制	8	9	A	B	C	D	E	F
二进制	1000	1001	1010	1011	1100	1101	1110	1111

二进制转换成十六进制:因为每四位二进制可以用一位十六进制来表示,所以只要把每四位二进制数用十六进制表示出来,连接起来就是这个二进制数的十六进制形式。

例:将二进制数 101110010.101111 转换成十六进制。

我们作如下处理:

0001,0111, 0010 . 1011, 1100

1 7 2 . B C

所以$(101110010.101111)_2 = (172.BC)_{16}$

注意:

(1)整数部分由个位数开始由右向左每四位为一组,不足四位左边补 0;

(2)小数部分由十分位数开始由左向右每四位为一组,不足四位右边补 0。

十六进制转换成二进制:每位十六进制可以用四位二进制来表示,因而只要从高位到低位,把十六进制的每个数码用四位二进制表示出来,就是十六进制数的二进制形式。

例:把十六进制数 A2B.C5 转换成二进制。

A 2 B . C 5

1010,0010, 1011 . 1100, 0101

因此,$(A2B.C5)_{16} = (101000101011.11000101)_2$

【例 6-1】输入一个十进制数,将其转换成十六进制数。

【分析】

假设输入一个待转换的十进制数 x,十进制转换为十六进制的算法:除以 16 反向取余。将转换后的十六进制数用数组表示。

【源程序】

```
const
   m = 100;
type
   data = array[1..m] of char;
var
   x,i,j:integer;
   a:data;
procedure trans(k:integer;var a:data);{将十进制数转换为十六进制数}
var
   i:integer;
begin
   i: =1;
   while k < >0 do
   begin
     case k mod 16 of
       0,1,2,3,4,5,6,7,8,9:a[i]: =chr((k mod 16) +ord('0'));
       10,11,12,13,14,15:a[i]: =chr((k mod 16) -10 +ord('A'));
     end;
     k: =k div 16;
     inc(i);
   end;
   j: =i;
end;
begin
   write('input number x:');
   read(x);
   writeln;
   trans(x,a);
   write(x,'---');
   for i: =j -1 downto 1 do
   write(a[i]);
   writeln;
end.
```

【例 6 -2】进制的转换。

【分析】

我们可以用这样的方式来表示一个十进制数:将每个阿拉伯数字乘以一个以该数字所处位置(值减 1)为指数,以 10 为底的幂之和的形式。例如 123 可表示为 $1*10^2+2*10+3$

这样的形式。

与之相似的，对二进制数来说，也可表示成每个二进制数码乘以一个以该数字所处位置(值减1)为指数，以2为底的幂之和的形式。一般来说，任何一个正整数R或一个负整数-R都可以被选来作为一个数制系统的基数。如果是以R或-R为基数，则需用到的数码为0,1,2,…,R-1。如果作为基数的数绝对值超过10，则为了表示这些数码，通常使用英文字母来表示那些大于9的数码。例如对于16进制数来说，用A表示10，用B表示11，用C表示12，等等。在负进制数中使用-R作为基数，例如-15(十进制)相当于110001(-2进制)，并且它可以被表示为-2的幂级数的和：

$$110001=1*(-2)^5+1*(-2)^4+0*(-2)^3+0*(-2)^2+0*(-2)^1+1*(-2)^0$$

【问题求解】

设计一个程序，读入一个十进制数和一个负进制数的基数，并将此十进制数转换为此负进制下的数：$-R\in\{-2,-3,-4,\cdots,-20\}$

【输入】

输入的每行有两个数据。

第一个是十进制数N($-32768\leq N\leq 32767$)；第二个是负进制数，基数为-R。

【输出】

结果显示在屏幕上，相对于输入，应输出此负进制数及其基数，若此基数超过10，则参照十六进制的方式处理。

【样例】

```
30000    -2
-20000    -2
28800    -16
-25000    -16
```

【输出】

```
30000=11011010101110000  (base 2)
-20000=1111011000100000  (base 2)
28800=19180  (base 16)
-25000=7FB8  (base 16)
```

【分析】

对于这个问题，很多同学可能会联想到进制转换的规则为：除P取余。但是很难找出规律来。

由于题目中给出的测试数据范围很小，仅为-32768到32767，用穷举法可以解决这个问题。穷举时只需从0开始逐一开始穷举-R进制数，对被穷举的-R进制数算出其对应的十进制值，若该值等于键盘输入的十进制数N，则输出该-R进制数，结束程序。

【源程序】

```
var
  i,m,n,r,s:longint;
  a:array[1..100] of longint;
```

```
begin
  write('input n, -r:');
  readln(n,r);
  r:= -r;
  write(n,'=');
  m:=1;
  fillchar(a,sizeof(a),0);
  a[1]:= -1;
  repeat
    a[1]:=a[1]+1;
    i:=1;
    while a[i]=r do
    begin
      a[i]:=0;i:=i+1;a[i]:=a[i]+1;
    end;
   if i>m then m:=i;
    s:=0;
    for i:=m downto 1 do s:=s*(-r)+a[i];
  until n=s;
  for i:=m downto 1 do
  if a[i]<=9 then write(a[i]) else write(chr(a[i]+55));
  writeln('( base ',r,')');
end.
```

强化训练

1. 回文数

【问题描述】

如果一个数从左边开始读与从右边开始读,得到的结果是一样的,我们就说这个数是回文数。比如,74547 就是一个回文数。

当然,一个数是否是回文数,也会依赖于这个数是用什么进制来表示的。比如,17 不是 10 进制的回文数,但其二进制表示是 1001,是一个回文数。

现在给出一个数 n,确定是否是一个从二进制至十六进制之间的任一表示的回文数。

【输入】

n,0<n<=50000

【输出】

请参考样例

【样例输入】

17

19

【样例输出】

number 17 is palindrom in basis 2 4 16

number 19 is not a palindrom

2. 文本的反向输出

【问题描述】

在大多数语言里,写文章都是从左边往右边写的。然而,现在有一门语言是从右边往左边写的。现在要你写一程序,把从左边往右边的文章翻译成从右边往左边的文章。

【输入】

一行文字,文字不超过 70 个。

【输出】

反向输出文本。

【样例输入】

Frankly, I don't think we'll make much

money out of this scheme.

madam I'm adam

【样例输出】

hcum ekam ll'ew kniht t'nod I ,ylknarF

.emehcs siht fo tuo yenom

mada m'I madam

3. Niven 数

【问题描述】

一个 Niven 数是它本身能够被数位上的数字和整除。比如,111 是一个 Niven 数,因它数位上的数字和是 3,111 能被 3 整除。我们也可以说一个数是 b 进制数,对于 b 进制来说,如果能够被数字和整除,也可以说是 Niven 数。

给出 b(2 <= b <= 10)和一个 b 进制数,判断它是否是 Niven 数。

【样例输入】

10 111

2 110

10 123

6 1000

8 2314

【样例输出】

Yes

Yes
No
Yes
No

第七章　模块化程序设计

【知识要点】

1. 函数的定义与使用
2. 过程的定义与使用
3. 模块化程序设计思想
4. 文件类型

前面的章节中我们学习了程序设计的基本方法。当我们在写一个大程序时，程序代码很长，思路变得复杂，不仅编写麻烦，在调试时同样麻烦。因此，前面章节学的思路不适合大型程序的编写。

我们在编写一个较大的程序时，一般都是把大程序分成若干个子任务，每个子任务对应一个子程序；而子程序又可以分成子子程序……于是，一个大程序便分成了若干个子程序，每个子程序既独立成章又相互关联，既便于编写又便于调试和阅读。其构成的形式如图 7－1 所示：

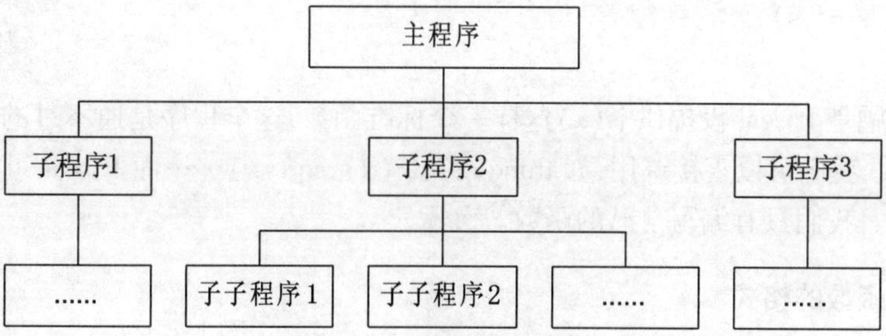

图 7－1　模块化程序设计

在这个图中，所有的子程序构成了整个任务，主程序则像一根链子一样把所有的子程序串起来构成一个整体。

第一节　自定义函数

Pascal 给我们提供了一些标准函数，我们可以直接调用。

例如：求 $\sin(1)+\sin(2)+\cdots+\sin(100)=?$

这个程序我们可以这样编写：

```
var
  i:integer;
  s:real;
begin
  s:=0;
  for i:=1 to 100 do s:=s+sin(i);
  writeln('s=',s);
end.
```

在这个程序里,我们直接用到了正弦函数,至于 sin(1),sin(2)是如何求出来的我们不需过问,只管直接用它的结果便是了。

我们来看看下面一个例子:求 1! +2! +3! +…+10! =?

如果要编写程序,我们可以看到求阶乘的操作要执行 10 次,只不过每次所求的数不同。我们不禁想:不至于编写 10 遍求阶乘的程序吧。

我们希望有一个求阶乘的函数,假设为 js(x),那么我们就可以这样求这道题了:

```
var
  i:integer;
  s:real;
begin
  s:=0;
  for i:=1 to 10 do s:=s+js(i);
  writeln('s=',s);
end.
```

现在的问题是 Pascal 没提供 js(x)这样一个标准函数,这个程序是通不过的。如果是 Pascal 的标准函数,我们可以直接调用,如 trunc(x),ln(x),sqrt(x)……而 Pascal 可供直接调用的标准函数不多。我们只有编写自己的函数。

1. 自定义函数的格式

它的格式如下:

```
function 函数名(形式参数表):函数类型;
var
  函数的变量说明;
begin
  函数体;
end;
```

一个函数的编写可分成三部分。

(1)函数首部,即第一个语句。

它必须以 function 开头,函数名是自己取的,取名的原则是便于记忆,和文件名的取名规则类似。形式参数(简称形参)表以标识符的形式给出,相当于函数中的自变量。参数可以有多

个,也可以有多种类型。不同类型的参数之间用“;”隔开,同类型的参数如有多个,则用“,”隔开,在其后得加上说明。如:

```
function a1(a,b,c:integer;d,e,f:real):real;
```

在最后,函数属于哪种类型,还得表示出来。在本例中,该函数为实型。

(2)第二部分是函数的变量说明部分。

对在本函数中将要用到的变量作类型说明,这一点和以前学的变量一样。如果程序不用变量,则此部分可省略。

(3)第三部分是函数体。

本函数的功能实现就在于此,编写的语句就在里面。函数体中必须有一条赋值语句将结果赋给函数名,否则函数没有意义。

【例7-1】编写一求阶乘的函数。

我们给此函数取一名字就叫js。

```
function js(n:integer):longint;
var
  i:integer;
  s:longint;
begin
  s:=1;
  for i:=1 to n do s:=s*i;
  js:=s;
end;
```

【分析】

在本例中,函数名叫js,只有一个integer型的自变量n,函数js属longint型。在本函数中,要用到两个变量i,s,在var后已加以说明。在函数体中,是一个求阶乘的语句,但有一点要注意:虽然n的阶乘的值在s中,但最后必须将此值赋给函数js,此时js不带任何参数。在任何函数中,最后都要把最终结果赋给函数名,因为该函数的结果是靠函数名返回的。

在这里,函数的参数n是一个接口参数,说得更明确点是入口参数。如果我们调用函数:js(3),那么在程序里所有n被替代成3来计算。在这里,3就被称为值参。又如:sqrt(4),ln(5),这里的4,5叫值参。而sqrt(x),ln(y)中的x,y叫形参。

2. 函数的调用

自定义的函数在调用前要先说明,在主程序中的位置如下:

```
program 程序名;
var
  主程序变量说明;
function 函数名(形参表):函数类型;
var
  函数变量说明;
```

```
begin
  函数体;
end;
begin
  主程序;
end.
```

在主程序中,我们把函数的全部说明放在主程序的变量说明和程序体之间,然后在主程序的执行部分就可以直接调用自定义函数了。

注意:在函数的说明部分,要用形参,但在程序的执行部分调用自定义函数时,就得用值参了。

【例 7-2】利用前面定义的阶乘函数,求 5!,9!。

【源程序】

```
var
  a1,a2:longint;
function js(n:integer):longint;
var
  i:integer;
  s:longint;
begin
  s:=1;
  for i:=1 to n do s:=s*i;
  js:=s;
end;
begin
  a1:=js(5);
  a2:=js(9);
  writeln('5! =',a1,'9! =',a2);
end.
```

【例 7-3】定义一个函数 check(n,d),让它返回一个布尔值。如果数字 d 在整数 n 的某位中出现则送回 true,否则送回 false。

例如:

check(325719,3)=true;

check(77829,1)=false;

【源程序】

```
var
  a,b:integer;
function check(n,d:integer):boolean;
var
```

```
  f:boolean;
  e:integer;
begin
  f:=false;
  while (n>0) and (not f) do
  begin
    e:=n mod 10;
    n:=n div 10;
    if e=d then f:=true;
  end;
  check:=f;
end;
begin
  writeln('input n,d');
  read(a,b);
  writeln(check(a,b));
end.
```

【例 7-4】输入 n 个整数,求这 n 个整数的最大公约数。

【分析】先用辗转相除法求出两个数的最大公约数,再求这个公约数和第三个数的最大公约数,依此类推。

【源程序】

```
var
  ans,n,x,i:longint;
function gcd(a,b:longint):longint;
var
  r:longint;
begin
  r:=a mod b;
  while r<>0 do
  begin
    a:=b;
    b:=r;
    r:=a mod b;
  end;
  exit(b);{等效于 gcd:=b;}
end;
begin
  readln(n);
```

```
    read(ans);
    for i:=1 to n-1 do
    begin
      read(x);
      ans:=gcd(ans,x);
    end;
    writeln(ans);
  end.
```

强化训练

1. A 类对称数

【问题描述】

对于一个自然数 n,可以把它转换成对应的二进制数 $a_k a_{k-1},\cdots,a_1 a_0$,其中:$n = a_k \times 2^k + a_{k-1} \times 2^{k-1} + \cdots + a_1 \times 2^1 + a_0$;如 10 = 1010;5 = 101。

我们统计一下 $a_0 \sim a_k$这 k+1 个数中 0 的个数和 1 的个数。如果在这 k+1 个数中,1 的个数比 0 的个数多,就称 n 为 A 类数。若还满足 $a_k a_{k-1},\cdots,a_1 a_0 = a_0 a_1,\cdots,a_{k-1} a_k$,则称 n 为 A 类对称数。

【问题求解】

对于一个给定的 n,求 1 ~ n 中 A 类对称数的个数。

【输入】

输入数据只有一个,给出正整数 n(1 < n < =10^7)。

【输出】

输出结果也是一个,1 ~ n 中 A 类对称数的个数。

【样例输入】

3

【样例输出】

2

2. 数素数

【问题描述】

输入两个正整数 M,N。(0 < M < N < 4000000)。

输出一个整数,表示介于 M,N 之间(包括 M,N)的素数的数量。

【样例输入】

1 3

【样例输出】

2

第二节　过程的定义

过程和函数一样,也是子程序。一个过程对应一个需要完成的任务。Pascal 中提供了不少标准过程,如:read,write,get,new,put……这些标准过程在程序中可以直接调用。但仅仅这些标准过程还不能满足我们的需要,我们还要自己定义过程,就像函数一样。但函数必须以值的形式返回,而过程不一定返回一个值,只是执行一个任务而已;函数只能返回一个值,而过程可以返回不止一个值。所以函数不能取代过程。

1. 过程的定义

```
procedure 过程名(形式参数表);
var
  过程的变量说明;
begin
  过程体;
end;
```

一个过程也分为三部分。

(1)过程的首部。

过程必须以 procedure 开头,过程名的取名规则和函数名一样,括号里面是形式参数,如形式参数不止一种,则中间用";"隔开,同类形式参数如不止一个,则中间用","隔开。另:有时候过程不用加参数。

(2)过程的说明部分。

用 var 开头,它只能对过程中的变量进行说明,同样是局部变量。另:如果过程不用变量,则可将说明部分省略。

(3)过程体。

它是过程的执行部分。

2. 过程的调用

自定义过程在程序调用之前要先说明,过程的说明就在主程序的执行语句之前。其格式如下:

```
program 程序名(input,output);
var
  主程序的变量说明;
procedure 过程名(形式参数表);
var
  过程的变量说明;
begin
```

```
  过程体;
end;
begin
  主程序体;
end.
```

【例 7-5】我们来定义一个输出由"*"组成的矩阵的过程,该矩阵四行五列。

【源程序】

```
procedure print;
var
  i,j:integer;
begin
  for i:=1 to 4 do
  begin
    for j:=1 to 5 do write('*');
    writeln;
  end;
end;
begin
  print;
end.
```

【分析】

该过程没有参数,直接执行输出一个固定矩阵的任务,而且没返回值。

【例 7-6】输入三个整数 a、b、c,输出其中的最大数和最小数,再输出 2a、4b、3c 的最大数和最小数。要求用过程实现。

【源程序】

```
var
  a,b,c:integer;
procedure print(a,b,c:integer);
var
  min,max:integer;
begin
  writeln(a:5,b:5,c:5);
  min:=a;
  max:=a;
  if a<b then max:=b else min:=b;
  if max<c then max:=c;
  if min>c then min:=c;
  writeln('min=',min);
```

```
    writeln('max =',max);
end;
{上述过程求三个数的最大值和最小值,并输出}
procedure main;
begin
    readln(a,b,c);
    print(a,b,c);
    print(2*a,4*b,3*c);
end;
begin
    main;
end.
```

我们看到:过程的调用和函数不同。函数不能作为独立的一个语句使用,而过程可以。函数的值是由函数名返回的,而过程不能。

假如要求我们用过程求出 1!+2!+3!+…+10!=?

求 N!的问题在前面已写出来,但阶乘的结果是在过程里用 Write 语句输出的,不能用累加语句把结果求出来。那么,怎样用过程将类似的问题求出来?这就得用到变量参数。

第三节　变量参数

在过程定义的语句中,有个参数表,在参数表中,除了前面我们已用的值参,还有变量参数。变量参数的作用是:它可以作为过程的出口参数。我们可以把过程中求出的结果用变量参数输出到过程外,在过程外面可以调用该参数,因此,该参数是全局变量。

其格式上的区别是在变量参数前加上 var 即可。

【例 7-7】求 1!+2!+3!+…+10!=?

【源程序】

```
var
    j:integer;
    s,m:longint;
procedure js(n:integer;var m:longint);
var
    i:integer;
begin
    m:=1;
    for i:=1 to n do m:=m*i;
end;
begin
```

```
  s:=0;
  for j:=1 to 10 do
  begin
    js(j,m);
    s:=s+m;
  end;
  writeln('s=',s);
end.
```

【说明】

在本例中,我们看到,过程 js 中用到了变量参数 m,在过程中定义为 longint 类型;而在主程序的变量说明中也得对变量参数 m 说明为同种类型 longint。于是,在过程中和主程序中都可以用该变量了。我们在调用这类过程时,在括号中要写上所有的参数,但用不着写上参数的类型和 var。

【例 7-8】冒泡排序:将数组 a 中的数从小到大排序。

【分析】

冒泡排序只是一种形象的说法,其基本方法是:将数组 a 中相邻的数两两比较,发现后面的元素比前面的小就交换这两个元素的值,n 个元素要比较 n-1 次为一趟,一趟比较完毕后再比较第二趟,直到没有要交换的元素为止,最坏的情况下要比较 n-1 趟。

假设 a 中的数据:

24　56　48　36　12　92　86　34

第一趟:24　48　36　12　56　86　34　92

第二趟:24　36　12　48　56　34　86　92

第三趟:24　12　36　48　34　56　86　92

第四趟:12　24　36　34　48　56　86　92

第五趟:12　24　34　36　48　56　86　92

排序完毕。

【源程序】

```
const
  n=8;
var
  a:array[1..n] ofinteger;
procedure init;{读数据}
var
  i:integer;
begin
  for i:=1 to n do read(a[i]);
  writeln;
end;
```

```
procedure swap(var x,y:integer);{交换两个变量的值}
var
  t:integer;
begin
  t:=x;x:=y;y:=t;
end;
procedure main;{冒泡排序}
var
  i,j:integer;
begin
  for i:=1 to n-1 do
   for j:=1 to n-1 do
   if a[j]>a[j+1] then swap(a[j],a[j+1]);
  for i:=1 to n do write(a[i]:5);writeln;
end;
begin
  init;
  main;
end.
```

【说明】

本例在交换两个变量的值的 swap 过程中,形式参数必须使用变量参数,而不能使用值参,因为两个变量的值交换后还需要输出到过程外。大家不妨可以试试把变参改为值参,然后跟踪调试观察变量的变化。

第四节　全程变量和局部变量

通常把在主程序说明部分定义的标识符称为全程变量,把在内层过程或函数中的说明部分定义的标识符称为局部变量。根据上述规则,全程变量的作用域包含整个程序,除去与之同名的局部变量的作用域;局部变量的作用域包含从它的说明部分到所在程序体的末尾的范围,除去内层过程或函数中与之同名的局部变量的作用域。

【例 7-9】用筛选法求 10000 以内的所有素数。

【分析】

筛选策略是在一个包含所有解的(有限)集合中,删去不符合要求的元素,留下的就是所要求的解。

我们可以用下面的方法来解这道题:

(1)首先把所有的数(2～10000)放入筛中。

(2)筛中最小的数必为素数。

(3)把最小素数的所有倍数筛去。

重复(2)、(3),直至筛空。

【源程序】

```
var
  a:array[1..10000] of 0..1;{存放所有的数}
  b:array[1..5000] of integer;{存放所有的素数}
  n:integer;
procedure init;
begin
  n:=0;
  fillchar(a,sizeof(a),0);
end;
procedure main;
var
  i,j:integer;
begin
  for i:=2 to 10000 do
  if a[i]=0 then
  begin
    inc(n);
    b[n]:=i;
    for j:=2 to 10000 div i do a[i*j]:=1;
  end;
  for i:=1 to n do write(b[i]:5);
end;
begin
  init;
  main;
end.
```

第五节　函数和过程的区别

过程和函数都为子程序,但也有区别:

(1)标识符不同。函数的标识符为 function,过程为 procedure。

(2)函数中一般不用变量参数,用函数名直接返回函数值;而过程如有返回值,则必须用变量参数返回。

(3)函数在定义时一定要进行函数的类型说明,过程则不进行过程的类型说明。

(4)函数在调用时不能作为一个单独语句使用,而过程在调用时必须作为单独语句使用。

(5)过程可以只执行一个任务而没有计算的结果,而函数则必须返回一个计算值。

【例 7-10】史密斯数。

【问题描述】

输出 4~9999 中的所有史密斯数。史密斯数是可以分解的整数,且所有数位上的数字和等于其全部素数因子的数字总和。

例如 9975 是史密斯数,

9975 = 3 * 5 * 5 * 7 * 19

9 + 9 + 7 + 5 = 30

3 + 5 + 5 + 7 + 1 + 9 = 30

【分析】

我们用穷举法把所有的数枚举出来,看是否满足史密斯数的条件。其中,求出一个数的全部素数因子是最困难的。可以采用这样的方法,我们从 2 开始去试除,如果这个数能够整除,就一直除 2,直到不能整除为止,商再继续除 3,也是按照前面的方法去除,依此类推,直至商是 1 为止。

【源程序】

```
function digit(x:integer):integer;{求数 x 的数字和}
var
  s:integer;
begin
  s:=0;
  while x<>0 do
  beign
    s:=s+x mod 10;
    x:=x div 10;
  end;
  digit:=s;
end;
function prime(n:integer):integer;{求数 n 的素数因子的和}
var
  s,i:integer;
begin
  i:=2;
  s:=0;
  while n<>1 do
  begin
    while n mod i=0 do
```

```
    begin
      s:=s+digit(i);
      n:=n div i;
    end;
    inc(i);
  end;
end;
procedure main;
var
  j:integer;
begin
  for j:=4 to 9999 do
    if digit(j)=prime(j) then write(j:5);
end;
begin
  main;
end.
```

强化训练

1. 纯粹素数

【问题描述】

纯粹素数是这样定义的:一个素数,去掉最高位,剩下的数仍为素数,再去掉剩下的数的最高位,余下的数还是素数。这样下去一直到最后剩下的个位数也还是素数。

求出所有小于 3000 的四位的纯粹素数。

2. 约瑟夫问题 1

【问题描述】

n 个人围成一圈,从第 s 个人开始报数,数到 k 的人出圈。再由下一个人开始报数,数到 k 的人出圈……依次输出出圈人的编号。

n、s 和 k 的值由键盘输入。(5 < = n、s、k < = 100)

比如 n = 8, s = 1, k = 6,依次出圈的为:6 4 3 5 8 7 2 1

各个数之间有一个空格分隔,但最后一个数后没有空格且输完后要换行。

【样例输入】

8 1 6

【样例输出】

6 4 3 5 8 7 2 1

3. 约瑟夫问题 2

【问题描述】

原始的约瑟夫问题的描述如下：有 n 个人围坐在一张圆桌周围，把这 n 个人依次编号为 1，…，n。从编号是 1 的人开始报数，数到第 m 个人出列，然后从出列的下一个人重新开始报数，数到第 m 个人又出列……如此反复直到所有的人全部出列为止。比如当 n = 6，m = 5 的时候，出列的顺序依次是 5，4，6，2，3，1。

现在的问题是：假设有 k 个好人和 k 个坏人。好人的编号是 1 到 k，坏人的编号是 k + 1 到 2k。我们希望求出 m 的最小值，使得最先出列的 k 个人都是坏人。

【输入】

仅有的一个数字是 k(0 < k <14)。

【输出】

使得最先出列的 k 个人都是坏人的 m 的最小值。

【样例输入】

4

【样例输出】

30

第八章　文件操作、枚举、子界、集合和记录类型

【知识要点】

1. 能够使用读文件操作和写文件操作
2. 枚举类型、子界类型、集合类型、记录类型

第一节　文件的概念

文件是按照其内在的逻辑联系分别组织在一起，构成不同的数据集合。Pascal 提供了文件类型，用来操作可保存的数据。在实际的应用中，大量的数据往往都要保存在磁盘中，以文件的形式存在。因此，任何一种成熟的高级语言都应具有操作文件的能力。Pascal 语言提供的文件数据类型及文件操作，可以方便地处理磁盘文件。学习了这一章后，能够增强用文件处理实际问题的能力，也能进一步提高编程水平，我们在正规的竞赛中，都采用文件操作。

Pascal 提供的文件结构形式有三种：类型文件，正文文件和无类型文件。

类型文件也称二进制文件，其数据按照二进制代码格式存放，具有特定的数据结构类型。

正文文件也称文本文件，其数据是按照 ASCII 代码形式存放，具有行列结构的字符文件，它可以用 dos 中的 type 命令列出内容。

无类型文件用于高速输入与输出操作，其中数据结构的类型不受限制。

在这三种结构形式中，最常用的是正文文件，在程序中对文件进行的输入输出操作，一般针对正文文件。

文件元素访问的方式有两种：随机访问和顺序访问。文件类型按照存取方式可以分为三种：终端文件，顺序文件和随机文件。

Pascal 提供的标准输入输出文件就是：input、output。正文文件通常是顺序文件，而类型文件和无类型文件则通常是随机文件。

在这里，我们就只介绍正文文件的有关操作。

正文文件类型定义的一般格式为：

```
type
  正文文件类型标识符 = text;
```

这里 text 是保留字，正文文件由若干个字符行组成，每行以换行符#10 结尾，文件尾有文件结束。特点是对文件的读或写操作都只能按文件中元素的顺序，所以顺序文件的读和写不能交叉进行。

第二节 文件的函数和过程

Pascal 有关正文(文本)文件的函数和过程。

(1)assign 过程。

格式:assign(f,s);

功能:该过程用于把文件变量名 f 与磁盘物理文件建立对应,这里 s 为字符串,是路径名称。

(2)rewrite 过程。

格式:rewrite(f);

功能:rewrite 过程用于创建一个新的文件,并以写方式打开。这个文件 f 应首先通过 assign 过程与物理文件进行对应。如果物理文件已经存在,则 rewrite 首先将它清空,再打开文件。文件指针自动指向文件的起始位置。

(3)reset 过程。

格式:reset(f);

功能:reset 过程用于打开一个已经存在的磁盘文件,其文件名必须先由 assign 过程赋给变量 f,该文件只能读,文件元素的指针指向第一个元素。

(4)read 过程。

格式:read(f,r1,r2,…,rn);

功能:从磁盘文件 f 中依次读出 n 个数据,赋给变量 r1,r2,…,rn。这里要求变量的类型和数据类型一致。

实际上,因为 input 是 Pascal 定义的标准输入文件标识符,所以 read 过程可以看作是统一的,只是 input 文件作为缺省值而已。

(5)readln 过程。

格式:readln(f, r1,r2,…,rn);或 readln(f);

功能:从磁盘文件 f 中,将数据依次读到 r1,r2,…,rn 变量中,读完变量后换行。readln(f)的作用是把文件指针换到下一行。

(6)write 过程。

格式:write(f, w1,w2,…,wn);

功能:将 w1,w2,…,wn 各个变量的值依次写到磁盘文件 f 上。output 是 Pascal 定义的标准输出文件。

(7)writeln 过程。

格式:writeln(f, w1,w2,…,wn)或 writeln(f);

功能:将 w1,w2,…,wn 各个变量的值依次写到磁盘文件 f 上,写完之后换行。writeln(f)不写值,只写一个行结束符,起换行作用。

(8)close 过程。

格式:close(f);

功能:关闭和 f 关联的磁盘文件,在写操作时自动产生一个文件结束标志。

(9)eoln 函数。

格式:eoln(f);

功能:若文件指针指向行结束符或文件结束符,则返回 true,否则返回 false。

(10)eof 函数。

格式:eof(f);

功能:若文件指向文件尾,则返回 true,否则返回 false。

文件的操作建立在读写的基础上,因此,掌握以上的过程与函数,就能方便地操作文件。一般来说,我们都是使用标准的输入输出文件。

```
const
  inf = 'a.in';
  ouf = 'a.out';
procedure init;
begin
  assign(input,inf);
  reset(input);
  read(变量表);
  close(input);
  assign(output,ouf);
  rewrite(output);
  writeln(变量表);
  close(output);
end;
```

第三节　枚举类型

前面我们学习的四种基本数据类型,在有些情况下还是有不方便之处,不能方便地进行一些标识符的描述。如:红,橙,黄,绿,青,蓝,紫七种颜色,要在数据类型中把它们直接表达出来,还是比较困难的。一个星期有七天,用英文 Monday,Tuesday,Wednesday,Thursday,Friday,Saturday,Sunday 表示。在计算机内有没有这种数据类型能够很方便地将它们表示出来? 有,我们用枚举类型就能办到。

用四种基本数据类型不便表示的有限的标识符,我们可以用枚举的方法来表达它,把要用的所有标识符全部枚举出来。这种方法比较接近自然语言的表达。

1. 枚举类型的定义

枚举类型定义的格式如下:

type

```
  枚举类型名 =(标识符1,标识符2,…,标识符n);
```

在变量说明中,我们对枚举型就这样表示:

```
var
  变量名:枚举类型名;
```

举例:

我们来看看对五种颜色和一个星期的七天如何定义枚举类型:

```
type
  color = (red,orange,yellow,green,blue);
  day = (Monday,Tuesday,Wednesday,Thursday,Friday,Saturday,Sunday);
```

这样,我们就有了两种新的数据类型了:color,day。

在定义枚举类型时,有几条规则:

(1)定义时要以标识符 type 开头。

(2)被枚举的标识符(以字母开头的字母数字组合)要用括号括起来,标识符之间用逗号隔开。

(3)被枚举的标识符只能在一种枚举类型中出现,且在同一类型中出现的次数只能一次。

(4)在枚举定义中,只能用"="。

(5)所有的标识符必须被枚举出来,没列出来的标识符不能使用。

以下是一些错误的定义:

```
type
  a = (1,2,3,4,5,6);
  b = ('C','D','E');
  d = (red,orange,yellow,green,red);
  d = (red,indigo,violet);
```

错误的原因:

(1)数字不能作标识符。

(2)字符不能作标识符。

(3)同种类型中标识符不能出现重复。

(4)不能和上一类型中的标识符重复。

对枚举类型定义好了以后,我们可以进行该种类型的变量说明了:

```
var
  a,b:color;
  c,d:day;
```

我们也可以用如下方法来定义:

```
var
  a,b:(red,orange,yellow,green,indigo,blue,violet);
  c,d:(Monday,Tuesday,Wednesday,Thursday,Friday,Saturday,Sunday);
```

省掉 type 定义的过程,直接进行变量说明。

2. 枚举类型的运算

(1)赋值运算。

当我们把枚举类型定义好后,可以像一般的基本类型那样进行赋值运算。

举例:

```
var
  a,b:(red,orange,yellow,green);
  c,d:(Monday,Tuesday,Wednesday,Thursday,Friday,Saturday,Sunday);
```

我们可以这样赋值运算:

```
a:=yellow;   b:=a;   c:=Sunday;   d:=c;
```

(2)关系运算。

当标识符在括号中被按先后顺序罗列出来时,它就已经有序了。按在括号中出现的先后顺序,序号依次为0,1,2,3……比如在上面的定义中,red的序号为0,orange的序号为1,yellow的序号为2……

在另一种类型中,Monday的序号为0,Tuesday的序号为1,Wednesday的序号为2……Sunday的序号为6。

由于有序号,同种类型中的标识符就可以比较大小了。序号大的则标识符大,序号小的则标识符小。

已知:

```
type
  color=(red,orange,yellow,green,blue);
  day=(Monday,Tuesday,Wednesday,Thursday,Friday,Saturday,Sunday);
```

请看以下的运算结果:

```
red > green          false
blue > orange        true
Thursday < Sunday    true
……
```

其实,比较大小时,并不是标识符本身具有大小,只是与它在被枚举时的先后顺序有关。

(3)函数运算。

既然枚举的标识符是有序的,那么它支持pred,succ,ord等函数。

如,在上面已定义好的类型中,可以进行这样的运算:

```
pred(yellow)=orange;
succ(orange)=yellow;
succ(Monday)=Tuesday;
ord(Monday)=0;
ord(blue)=4;
```

(4)枚举型的输出。

Free Pascal不支持枚举型的直接读写语句,也就是说以下的语句是错误的:

```
var
  a,b:(red,orange,yellow,green);
  d:(Monday,Tuesday,Wednesday,Thursday,Friday,Saturday,Sunday);
begin
  read(a,b);
  write(d);
end.
```

但是我们可以通过间接的方法实现枚举型的读写。

【例 8-1】用数字 0~6 表示星期日、星期一至星期六。从文件 week. in 中读入一数字，表明今天是星期几，然后把其后面的星期号输出到文件 week. out 中。比如说：今天是星期三，则读入数字 3，那么应该输出 Thursday，Friday，Saturday。

【源程序】

```
type
  day=(mon,tue,wed,thu,fri,sat,sun);
var
  a,b:day;
  i,j:integer;
procedure init;
begin
  assign(input,'week.in');
  reset(input);
  readln(i);
  assign(output,'week.out');
  rewrite(output);
  close(input);
end;
procedure main;
begin
  case i of
    0:a:=Sun;
    1:a:=Mon;
    2:a:=Tue;
    3:a:=Wed;
    4:a:=Thu;
    5:a:=Fri;
    6:a:=Sat;
    else writeln('code error');
end;
```

```
procedure print;
begin
  for j: =0 to 6 do
  begin
    a: =succ(a);
    case a of
      sun: writeln('Sunday');
      mon: writeln('Monday');
      tue: writeln('Tuesday');
      wed: writeln('Wednesday');
      thu: writeln('Thursday');
      fri: writeln('Friday');
      sun: writeln('Sunday');
  end;
  close(output);
end;
begin
  init;
  main;
  print;
end.
```

在本例中,对枚举型没有用到 read 和 write 语句,间接读写是用 case 语句实现的。

第四节　子界类型

在编程录入数据时,可能会遇到这种情况:在输入年龄时,把 38 误录为 138 或 380 又或另外的错误数据。这些错误不是语法错误,在编译时是不能发现的。我们想:能不能设计一种数据类型,当出现了以上这类明显的错误时,计算机在编译时会自己发现?回答是肯定的,这种类型就是子界型。

子界型也是一种自定义数据类型,它是在整型,字符型,枚举型等有序类型中取一子集。因为是子集,所以子界型是有界的。

于是我们可以这样定义:子界型是一种有上界和下界的有序数据类型,它只能是整型,字符型或枚举型。

1. 子界类型的定义

子界型定义的格式如下:

type

子界型名 = 数据的下限..数据的上限;

举例:

```
type
  age = 18..60;
  number = 0..100;
  ch = 'a'..'z';
  day = (Monday,Tuesday,Wednesday,Thursday,Friday,Saturday,Sunday);
  d = Tuesday ..Saturday;
```

在上面的例子中,我们定义了四种类型:age 类型的数据只能在 18 到 60 之间取值,超过此范围便会出错。因此,不必担心输入的年龄超过此范围而不被发现。同样,number 类型的数据也只能在 0 到 100 之间取值,且只能是整数。ch 类型是在 26 个小写的英文字母中取值;d 类型比较特别,因为事先定义好了枚举型 day,所以 d 的定义是允许的,故 d 的类型是在以下标识符中取一个:Tuesday,Wednesday,Thursday,Friday,Saturday 。

子界型定义好后,我们就可以把它们像四种基本数据类型一样对变量进行说明:

```
var
  a,b:age;
  c,e:ch;
  f,g:d;
```

其实,我们可以把类型定义和变量说明合并为一步进行:

```
var
  b:18..60;
  e:'a'..'z';
```

如果要定义:

```
  f,g:Tuesday..Saturday;
```

则必须在 var 前面加上这一行说明:

```
type
  day = (Monday,Tuesday,Wednesday,Thursday,Friday,Saturday,Sunday);
```

总之得记住:如果子界型的数据来自于枚举型,则枚举型必须先定义。

2. 子界型的运算

(1)赋值运算。

子界型的特点就是限制了边界,所以我们在赋值时要注意数据的范围。假如已有以下的定义:

```
type
  Day = (Monday,Tuesday,Wednesday,Thursday,Friday,Saturday,Sunday);
var
  a,b:18..60;
  c,e:'a'..'z';
```

f,g:Tuesday..Saturday;

则可以如下赋值:

a:=30;

b:=a;

a:=a+20;(注意:运算后的结果不能超过 18..60 这个范围)

c:='f';

e:='h';

f:=Tuesday;

g:=f;

(2)函数运算。

如果子界型的数据是整数,则它完全可以像整型数据一样进行+、-、*、/的运算。在执行 pred,succ 时,方法也和整型一样,如 succ(3)=4,pred(7)=6……

要注意的是函数的结果不能超出范围。

如果子界型的数据是字符型,则可以用函数 succ,pred,ord。

如 succ('g')='h';pred('b')='a';ord('A')=65。

如果子界型的数据是枚举型,照样可以用函数 succ,pred,ord。

例如有定义:

type

day=(Monday,Tuesday,Wednesday,Thursday,Friday,Saturday,Sunday);

则

succ(Monday)=Tuesday;pred(Sunday)=Saturday;

ord(Monday)=0;ord(Sunday)=6。

3. 子界型的输入和输出

子界型是在整型、字符型和枚举型中取的一个子集,所以它的输入和输出要满足相应类型的输入输出规则。

第五节 集 合

集合在数学中较常见,是若干个同类型数据的全部。在 Pascal 中,集合的意义和数学中比较类似,但是为了编译的效率起见, Pascal 限制了集合的数量范围,不能超过 255 个元素。

1. 集合的定义

我们把有限个同类数据的全体称为集合。为了体现它的全体性,我们用中括号把属于一个集合的数据起来。

如:[1,2,3,4,9,-3,11],['A','B','C','D']。

对于集合中的这些数据,规定必须是有序的。

集合定义的格式如下：

```
type
  集合类型名 = set of 基本数据类型;
```

在这里，基本数据类型是指：任何顺序类型，可以是整型中的子界型、布尔型、枚举型、字符型。构造类型、整型和实型是不允许的，因为它们是无限集合。

```
type
  number = set of 1..100;
  ch1 = set of 'A'..'Z';
  ch2 = set of char;
  color = (red, orange, yellow, green, blue);
  co1 = set of color;
```

以上定义了 number，ch1，ch2，co1 四个集合。在定义 co1 之前，先定义了枚举型 color。

```
var
  a,b:number;
  c:ch1;
  d:ch2;
  e,f:co1;
```

这样，定义了 6 个集合变量 a，b，c，d，e，f。下面可以对它们赋值：

```
a:=[34,17,22,8,66,22];
b:=[10,1,8,59];
c:=['H','Q','G','U','A'];
e:=[yellow,green,blue]
f:=[]
```

集合变量的取值一定要和集合变量的类型一致。集合中的数据有以下特征：

(1)集合中的数据个数没有明确的限定，如有多个，则各个数据之间用逗号隔开。

(2)集合中的数据允许重复出现，无论出现多少次，系统也只把它们当作一个数据看待。

(3)集合中的数据是无序的。

(4)集合中可以没有数据，我们称之为空集，空集用“[ ]”表示。

(5)一个集合中的数据只能为同一种数据类型。

(6)集合中的数据如果是连续的有序型，则在中括号中可以用子界型表示。如 a:=[1..20]。

其实，在集合的定义部分，我们可以把集合类型定义和集合变量说明两步合并为一步进行：

```
var
  集合变量名:set  of  基本数据类型;
```

那么，前面的定义可以表示为：

```
var
  a,b:set of  1..100;
```

```
c:set of 'A'..'Z';
d:set of char;
col:set of (red,orange,yellow,green,blue);
```

2. 赋值运算

赋值运算就是对已经定义好的集合变量进行赋值。

如:

```
A:=[1,3,5,99];
B:=A;
C:=[];
```

其中,C 是空集。这种赋值运算在上节我们已经学过,这里不再多说。

3. 关系运算

在集合的关系运算里,有 5 种运算符:=,< >,> =,< =,in。下面,我们来一一分析它们。

(1)相等判断。

“ = ”表示两集合相等,“ < > ”表示两集合不等。这两个运算符是判断两个集合是否相等。相等的依据是:两集合 A,B 中,A 中的全部数据在 B 中都有,B 中的全部数据在 A 中都有。这里没要求数据的先后顺序。

比如:

```
[1,2,3,4]=[1,4,3,2,]           true
[3,6,9,4,7]<>[3,6,9,4]         true
[3,6,9,4,3]<>[6,9,4,3]         false
[]=[]                          true
```

(2)包含运算(< =,> =)。

在集合运算中,没有 >,<,只有 < =,> =。它们表示两个集合的包含关系。< = 表示前者是后者的子集,> = 表示后者是前者的子集。

比如:

```
[1,2,3,4]<=[1,2,3,4,5]         true
[1,2,3]<=[1,2,3]               true
[1,2,3]>=[1,2,3]               true
[1,2,3,4,5,6]>=[4,9]           false
[]<=[1]                        true
```

我们说的子集关系是这样的:如果 A 是 B 的子集,则 A 中所有数据在 B 中都能找到。空集是任何集合的子集。

(3)in 运算。

上面的运算中进行运算的都是集合,而 in 运算的意思是判断一个元素是否在一个集合内。作为一个元素,则在书写时不用加中括号。

比如:

2 in [1,2,3] true

'A' in ['A','C','E','G'] true

6 in [] false

3 in [4,6,9] false

(4)逻辑运算。

集合的逻辑运算和其他不一样:它运算出来不是布尔值,而是一个集合。集合的逻辑运算有三种:并(+),交(*),差(-)。

1)并

两集合A,B相并指的是有A,B两集合,将其中一个集合去掉它们的公共元素后再把两个集合中的元素合并在一个集合里。并的操作用"+"表示。

比如:

[1,2,3]+[2,3,4]=[1,2,3,4]

[1,5]+[2]=[1,2,5]

[1,4]+[1,4]=[1,4]

[5,6,7]+[]=[5,6,7]

2)交

两集合A,B相交指的是有A,B两集合,把它们的公共值取出来生成一个新的集合。交的操作用"*"表示。

比如:

[1,2,3]*[2,3,4]=[2,3]

[1,2,3]*[1,2,3]=[1,2,3]

[3,6,8]*[4,9]=[]

[1,2,3,4,5,6]*[3]=[3]

[RED,YELLOW,BIUE]*[YELLOW,VIOLET]=[YELLOW]

3)差

差的操作用"-"表示。两集合A,B的差指的是假设有A,B两集合,找出集合A,B中的公共元素,在集合A中减去公共元素后的结果便是A-B的差。

比如:

[1,2,3,4]-[2,3,4]=[1]

[1,2,3,4]-[4,5,6,7]=[1,2,3]

[1,2,3,4]-[5,6,7,8]=[1,2,3,4]

[4,5,6]-[4,5,6]=[]

[4,7,9]-[]=[4,7,9]

当在一个表达式中,同时出现了+,-,*三种运算符时,其运算的先后顺序是先*,后+,-。+,-符号同级别,运算时依从左到右的顺序执行。

【例8-2】从文件string.in读入一串字符,以'?'结束。该字符串是数字和字母的组合。求出字母和数字的个数,输出到string.out中。

【分析】我们先设好两个集合,一个是'0'到'9'的数字集合,一个是'A'到'Z'的字母集合。每输入一个字符便判断一次是属于哪个集合,然后得出结果。

【源程序】

```
const
  inputfile = 'string. in';
  outputfile = 'string. out';
var
  number:set of '0'..'9';
  ch1:set of 'a'.. 'z';
  ch2:set of 'A'.. 'Z';
  n,c:integer;
  ch:char;
procedure init;
begin
  assign(input,inputfile);
  reset(input);
  assign(output,outputfile);
  rewrite(output);
  read(ch);
  n:=0;
  c:=0;
  ch1:=['a'..'z'];
  ch2:=[ 'A'..'Z'];
  number:= [ '0'..'9']
end;
procedure main;
begin
  while ch<> '?' do
  begin
    if (ch in ch1) or (ch in ch2) then c:=c+1;
    if ch in number then n:=n+1;
    read(ch);
  end;
  writeln('number=',n,'    char=',c);
  close(input);close(output);
end;
begin
  init;
```

```
  main;
end.
```

【例8-3】建立两个集合，然后对它们进行并、交、差等集合运算，并且把结果输出至sset. out中。

【源程序】

```
type
  m = (a,b,c,d,e,f);
  s = set of m;
var
  x1,x2,z1,z2,z3:s;
  c1,c2:boolean;
procedure init;
begin
  assign(output,'sset.out');
  rewrite(output);
end;
procedure print(z:s);
var
  ch:char;
  k:m;
begin
  write('[');
  for k:=a to f do
    if k in z then
    begin
      ch:=chr(ord(k)+ord('z')-ord('a'));
      write(ch:5);
    end;
  write(']');
end;
procedure main;
var
  i:m;
begin
  x1:=[a,b,c,d];
  x2:=[];
  for i:=b to d do x2:=x2+[i];
  z1:=x1+x2;
```

```
    z2: =x1 - x2;
    z3: =x1 * x2;
    write('x1 = ');print(x1);
    write('x2 = ');print(x2);
    write('z1 = ');print(z1);
    write('z2 = ');print(z2);
    write('z3 = ');print(z3);
    write('x1 = ');print(x1);
end;
begin
    init;
    main;
    close(output);
end.
```

第六节　记录类型

在本节,我们要领会记录保存数据的方法,会定义记录类型;掌握 with 语句对记录进行简化的方法,能用记录数组进行实际问题的处理。

1. 记录的说明

我们在前面进行数据处理时,对应的数据都是一些整数、实数、字符、字符串、枚举标识符等,这些数据都具有单一性。但是很多日常生活中的一项数据包含有多个内容,如:一条关于学生考试情况的信息,它本身可能有多个子内容:学生姓名、学号、语文成绩、数学成绩、物理成绩、化学成绩、英语成绩……类似于这样的一个数据项就不能简单用前面学的基本数据类型来定义了。这里,我们用一种新的结构数据类型:记录类型。一条记录可以包含有多个子内容,在上例中,一个学生的信息便是一条记录,一条记录中有多项内容,如:姓名、语文、数学、物理……我们把每一项内容叫做一个域。于是,一个学生的记录便如下:

姓名	学号	语文	数学	物理	化学	英语

记录定义的格式:

```
type
  记录名 = record
            域名 1:类型;
            域名 2:类型;
```

```
        ……
        域名 n:类型;
      end;
```

在这里,record 和 end 是保留字,一个都不能少,上例的姓名、学号等就对应域名 1、域名 2 等,后面的类型就是前面我们学习的基类型,如:整型、实型、字符型、字符串型……所有的域必须在标识符 record 和 end 之间。下面我们来看看一个学生记录 stu 的定义情况:

```
type
  stu = record
        name:string[10];
        no:integer;
        chinese:real;
        maths:real;
        physics:real;
        chemistry:real;
        english:real;
      end;
var
  stu1,stu2:stu;
```

于是,就定义了一个新的记录类型:stu,两个变量 stu1,stu2 也属于这种类型。以后,我们说到 name,no 则必须在前面加上记录变量名,其格式为:记录变量名.域名。

我们在定义记录时还可以使用以下方式:

```
var
  s1,s2:record
          name:string[10];
          no:integer;
          chinese:real;
          maths:real;
          physics:real;
          chemistry:real;
          english:real;
        end;
```

这种方式的定义和上面的定义,效果是完全一样的。

下面我们来看一看给记录变量赋值的情况:

```
s1.name:='李萍';
s1.no:=1;
s1.chinese:=106;
s1.maths:=103;
s1.physics:=111;
```

```
s1.chemistry:=122;
s1.english:=108;
```

于是,就有了这样一条记录产生了:

姓名	学号	语文	数学	物理	化学	英语
李萍	1	106	103	111	122	108

记录的读入可以直接用 read 语句进行。如:

```
read(s1.name,s1.no,s1.chinese);
```

记录的输出可以直接用 write 语句。如:

```
write(s1.name,s1.no,s1.chinese);
```

2. with 语句(开域语句)

在上面的例子中,输入输出每一个域时在前面都得加上记录变量名。因为对域的操作太多了,在很多语句中都要写上记录变量名,所以进行了不少重复操作。用 with 语句可以把这些重复操作简化。

with 使用的格式是:

```
with 记录变量名 do
begin
……
end;
```

在 begin 和 end 之间的域不再在其前面写上记录变量名了。因为有了 with 语句中的记录变量名,后面所有的域即使没写记录变量名,它们都以 with 语句中的记录变量名为准。

在上例中我们就可以这样写:

```
with s1 do
begin
  write(chinese,maths,physics,chemistry,english);
end;
```

3. 记录数组

前面我们学习的记录都只有少数几条,但是在处理全班同学的记录时,人数多了,单个处理肯定不行,我们可以借助数组的知识来处理。

假设全班有 50 个同学,我们可以定义一个有 50 个下标变量的数组,每个下标变量的类型都为记录型。

定义记录数组的格式如下:

```
type
  数组名=array[下标类型]  of  记录类型;
```

如果要定义 50 个同学的记录,则应这样做:

```
type
  stu = record
        name:string[8];
        chinese:real;
        maths:real;
        physics:real;
        chemistry:real;
        english:real;
        average:real;
        sum:real;
      end;
  ss = array[1..50]  of  stu;
var
  s1:ss;
```

于是,系统便产生了一个数组 stu,它有 50 个下标变量,每个下标变量都是记录型数据。它们分别是:

s1[1].name,s1[1].chinese,s1[1].maths……

s1[2].name,s1[2].chinese,s1[2].maths……

s1[3].name,s1[3].chinese,s1[3].maths……

……

s1[50].name,s1[50].chinese,s1[50].maths……

【例 8-4】一个学生的记录由姓名、语文、数学、物理、化学、英语、平均分、总分等八项构成。现在录入该学生的五科成绩,求出其平均分和总分后输出各项数据。

【源程序】

```
var
  stu = record
        name:string[8];
        chinese:real;
        maths:real;
        physics:real;
        chemistry:real;
        english:real;
        average:real;
        sum:real;
      end;
begin
  writeln('input the name:');
```

```
    readln(stu.name);
    writeln('input score');
    readln(stu.chinese,stu.maths,stu.physics,stu.chemistry,stu.english);
    stu.sum:=stu.chinese+stu.maths+stu.physics+stu.chemistry+stu.english;
    stu.average:=stu.sum/5;
    writeln('name:',stu.name);
    writeln('chinese:',stu.chinese:0:1);
    writeln('maths:',stu.maths:0:1);
    writeln('physics:',stu.physics:0:1);
    writeln('chemistry:',stu.chemistry:0:1);
    writeln('english:',stu.english:0:1);
    writeln('average:',stu.average:0:1);
    writeln('sum:',stu.sum:0:1);
end.
```

【例 8－5】输入 10 个同学的姓名和总分,按总分排序后依名次输出学生的姓名。

【分析】我们建立一个有 10 个下标变量的记录数组 s,每个记录有两个域:姓名、总分。按总分排序,再输出姓名即可。

【源程序】

```
type
  stu=record
         name:string[8];
         sum:real;
       end;
var
  s:array[1..10] of stu;
  i,j:integer;
  k:stu;
begin
  for i:=1 to 10 do
  begin
    writeln('input name:');
    readln(s[i].name);
    writeln('input sum');
    readln(s[i].sum);
  end;
  for i:=1 to 9 do
    for j:=i+1 to 10 do
    if s[i].sum<s[j].sum then
```

```
    begin
      k:=s[i];
      s[i]:=s[j];
      s[j]:=k;
    end;
    for i:=1 to 10 do
      writeln(i,':',s[i].name,' score:',s[i].sum);
end.
```

在本程序中,用了一个记录变量k,同时又进行了记录的复制。因为k和s[i]都是同样一种记录类型,所以可以直接进行复制:s[i]:=k,实际上它等价于:s[i].name:=k.name,s[i].sum:=k.sum。但是要求双方的数据类型必须一样。

【例8-6】求2~200之间的素数。

【分析】前面我们介绍了筛法求质数的方法,用数组来实现。这里我们介绍用集合来实现。首先把所有2~200的数放在筛中(集合s中),集合中最小的数就是素数,然后把它所有的倍数筛掉,直至筛空。

【源程序】

```
const
  n=200;
var
  s,primes:set of 2..n;
procedure main;
var
  p,c:2..200;
begin
  s:=[2..n];
  primes:=[];
  p:=2;
  repat
    while  not  (p in  s)do p:=p+1;
    primes:=primes+[p];
    c:=p;
    while  c<=n  do
    begin
      s:=s-[c];
      c:=c+p;
    end;
  until  s=[];
end;
```

```
procedure print;
var
  i,j:integer;
begin
  j:=0;
  for i:=2 to 200 do
  if i in primes then
  begin
    write(i:5);
    j:=j+1;
    if j mod 10 =0 then writeln;
  end;
end;
begin
  main;
  print;
end.
```

【点评】集合中的元素个数不能超过 255 个,如果超过的话,必须设置多个集合。请读者思考,如果用上述方法,如何求 1000 以内的所有质数?

【例 8-7】任给三条直线,求它们所围成的三角形的面积。

【分析】

(1)设三条直线的方程是:

$y = a1 * x + c1, y = a2 * x + c2, y = a3 * x + c3;$

首先判断这三条直线是否能构成三角形,若能则求出三个交点,再由交点求出三边的长度 a,b,c,然后由海伦公式求面积 s。

$s = \sqrt{p(p-a)(p-b)(p-c)}$

$p = (a+b+c)/2$

(2)求两直线的交点,交点的坐标:

$x = (C_n - C_m)/(A_m - A_n)$

$y = A_m * x + C_m$

只要直线的斜率不相等,则可构成一个三角形。

由两点之间的距离公式求出三条边的长度。

【源程序】

```
type
  point = record
            x,y:real;
          end;
var
```

```
    a1,a2,a3,c1,c2,c3,r,m,,n,p,s:real;
    a,b,c:point;
  function t1(a,b,c:real):boolean;
  begin
    if (a<>b) and (b<>c) then t1:=true
                          else t2:=false;
  end;
  procedure p1(a,b,c:real;var r:point);
  begin
    r.x:=(d-b)/(a-c);
    r.y:=a*r.x+b;
  end;
  function distance(h,q:point):real;
  begin
    distance:=sqrt(sqr(h.x-q.x)+sqr(h.y-q.y));
  end;
  procedure main;
  begin
    writeln('input data:');
    readln(a1,c1,a2,c2,a3,c3);
    if t1(a1,a2,a3) then
    begin
      p1(a1,c1,a2,c2,a);
      p1(a1,c1,a3,c3,b);
      p1(a2,c2,a3,c3,c);
      r:=distance(a,b);
      m:=distance(b,c);
      p:=distance(c,a);
      p:=(r+m+n)/2;
      s:=sqrt(p*(p-a)*(p-b)*(p-c));
    end
    else writeln('no');
    writeln('s=',s);
  end;
begin
  main;
end.
```

强化训练

1. 编写一个译码程序，译码规则是：

(1)数字 0,1,2,3,…,9 分别和字母 a,b,c,…,j 互换。

(2)字母 k,m,p,t,y 分别与其后继互换。

(3)其他字母和空格保持不变，输入字符串以句号结束。

(4)要求使用文件输入输出。

2. 定义一个记录类型，它的每个值表示 X－Y 坐标上一个点；X,Y 的取值范围是 1 到 100 之间的整数。编写一个程序，顺序读入一个四边形的各点 a,b,c,d，并判断它是否能构成正方形、矩形或其他四边形，并求出其面积。

3. 奖学金

【问题描述】

某小学最近得到了一笔赞助，打算拿出其中一部分为学习成绩优秀的前 5 名学生发奖学金。期末，每个学生都有 3 门课的成绩：语文、数学、英语。先按总分从高到低排序，如果两个同学总分相同，再按语文成绩从高到低排序，如果两个同学总分和语文成绩都相同，那么规定学号小的同学排在前面，这样，每个学生的排序是唯一确定的。

任务：先根据输入的 3 门课的成绩计算总分，然后按上述规则排序，最后按排名顺序输出前 5 名学生的学号和总分。注意，在前 5 名同学中，每个人的奖学金都不相同，因此，必须严格按上述规则排序。例如，在某个正确答案中，如果前两行的输出数据（每行输出两个数据：学号、总分）是：

7 279

5 279

这两行数据的含义是：总分最高的两个同学的学号依次是 7 号、5 号。这两名同学的总分都是 279（总分等于输入的语文、数学、英语三科成绩之和），但学号为 7 的学生语文成绩更高一些。如果你的前两行的输出数据是：

5 279

7 279

则按输出错误处理，不能得分。

【输入】

输入文件 scholar.in 包含 n＋1 行：

第 1 行为一个正整数 n，表示该校参加评选的学生人数。

第 2 到 n＋1 行，每行有 3 个用空格隔开的数字，每个数字都在 0 到 100 之间，第 j 行的 3 个数字依次表示学号为 j－1 的学生的语文、数学、英语的成绩。每个学生的学号按照输入顺序编号为 1～n（恰好是输入数据的行号减 1）。

所给的数据都是正确的，不必检验。

【输出】

输出文件 scholar.out 共有 5 行，每行是两个用空格隔开的正整数，依次表示前 5 名学生的学号和总分。

【输入输出样例 1】

scholar. in

6

90 67 80

87 66 91

78 89 91

88 99 77

67 89 64

78 89 98

scholar. out

6 265

4 264

3 258

2 244

1 237

【输入输出样例 2】

scholar. in

8

80 89 89

88 98 78

90 67 80

87 66 91

78 89 91

88 99 77

67 89 64

78 89 98

scholar. out

8 265

2 264

6 264

1 258

5 258

【限制】

50% 的数据满足:各学生的总成绩各不相同,100% 的数据满足: 6 < = n < = 300。

第九章 高精度计算

【知识要点】

1. 高精度加法
2. 高精度减法
3. 高精度乘法
4. 高精度除法

由于受到计算机硬件等因素的限制，计算机计算结果的精度也受到一定的限制，即使用 extended 或 comp 数据类型，计算结果也最多只能精确到 20 位。另一方面，计算机所能表示的数的范围也受到一定的限制，如实数只能处理的最大值为 $1.7*10^{38}$，在计算 N！时，当 N＝34时，计算结果就超过这个范围，无法计算。那么，我们怎样才能得到高精度计算结果，或处理超过计算机处理范围内的数值计算呢？可以通过用高精度计算的算法编程序来实现。本章就介绍高精度数的加法、减法、乘法和除法运算的算法。

高精度计算要处理好下列几个问题：

(1)数据的读入与存储。

如果要处理的数据超过了计算机允许的显示精度范围，读入数据时不能用数值型变量读入数据。如果读入的数据位数小于或等于 255 位，可用字符串变量读入数据。如果超过 255 位，则要用数组变量逐位读入。如果用字符串变量读入数据时，读入数据后通常将它各位数字分离，用数组将各位数字存储。

分离方法：设读入的数据首先保存到字符串变量 S 中，然后用数组 a 自右到左存储 S 的各位数字，数字在数组中往后靠齐。

比如，我们把数 92345678919 放在数组 a 中（var a：array[1..15] of 0..9），在数组 a 中的位置如下：

a[i]	1	2	3	4	5	6	7	8	9	10	11	12	13	14	15
数值	0	0	0	0	9	2	3	4	5	6	7	8	9	1	9

(2)进位和借位处理。

第一节　高精度加法

1. 数据的处理及数据结构选择

读入两个加数 S1 和 S2，按照上述的方法，把它们放在数组 a 和 b 中，往右靠齐。

数据结构及算法如下：

```
        a[1]a[2]a[3]…a[95]a[96]a[97]a[98]a[99]a[100]
+)      b[1]b[2]b[3]…b[95]b[96]b[97]b[98]b[99]b[100]
        a[1]a[2]a[3]…a[95]a[96]a[97]a[98]a[99]a[100]
```

2. 进位的处理

```
g:=0;
for i:=100 downto 1 do
begin
  s:=a[i]+b[i]+g;
  a[i]:=s mod 10;
  g:=s div 10;
end;
```

【例 9－1】从键盘输入两个数字字符串 S1 和 S2，求这两个数的和。

【分析】过程 init 是初始化过程，完成对数据的读入，过程 main 是高精度的加法运算，过程 print 是输出过程。

【源程序】

```
const
  m=255;
var
  a,b:array [1..m] of 0..9;
procedure init;{读入数据，初始化过程}
var
  s1,s2:string;
  len1,len2,i:integer;
begin
  write('input no.1 number:');
  readln(s1);
  write('input no.2 number:');
  readln(s2);
  len1:=length(s1);
  len2:=length(s2);
```

```
    fillchar(a,sizeof(a),0);
    fillchar(b,sizeof(b),0);
    for i:=len1 downto 1 do a[m+i-len1]:=ord(s1[i])-ord('0');
    for i:=len2 downto 1 do a[m+i-len2]:=ord(s2[i])-ord('0');
end;
procedure main;
var
    s,g,i:integer;
begin
    g:=0;
    for i:=m downto i do
    begin
      s:=a[i]+b[i]+g;
      a[i]:=s mod 10;
      g:=s div 10;
    end;
end;
procedure print;
var
    i:integer;
begin
    i:=1;
    while a[i]=0 do inc(i);
    while  i<=m do begin write(a[i]);inc(i);end;
end;
begin
    init;
    main;
    print;
end.
```

第二节　高精度减法

1. 数据的处理及数据结构的选择

作减法运算，要先比较两数的大小，我们把大的数放在 S1 中，小的数放在 S2 中。然后跟加法一样，作 S1 和 S2 的高精度减法。

数据结构及算法如下：

```
     a[1]a[2]a[3]…a[95]a[96]a[97]a[98]a[99]a[100]
-)   b[1]b[2]b[3]…b[95]b[96]b[97]b[98]b[99]b[100]
     a[1]a[2]a[3]…a[95]a[96]a[97]a[98]a[99]a[100]
```

2. 借位的处理

```
g:=0;
for  i:=100  downto  1  do
if  a[i]-g>=b[i]  then
begin
  s:=a[i]-b[i]-g;
  a[i]:=s  mod  10;
  g:=0;
end
else
begin
  s:=10+a[i]-b[i]-g;
  a[i]:=s  mod  10;
  g:=1;
end;
```

【例 9-2】从键盘输入两个数字字符串 S1 和 S2，求这两个数的差。

【分析】首先判断两个数的大小，然后把大的数放在 S1，小的数放在 S2。

【源程序】

```
const
  m=255;
var
  p:boolean;{作一个标记，比较两数的大小}
  a,b:array [1..m] of 0..9;
procedure  init;{读入数据，初始化过程}
var
  s1,s2,s:string;
  len1,len2,i:integer;
begin
  write('input  no.1  number:');
  readln(s1);
  write('input  no.2  number:');
  readln(s2);
  len1:=length(s1);
```

```
    len2: = length(s2);
    p: =0;
    i: =1;
    if len1 < len2 then
    begin
      p: =1;s: =s1;s1: =s2;s2: =s;
    end;
    while (len1 = len2) and (s1[i] = s2[i]) do inc(i);
    if s1[i] < s2[i] then
    begin
      p: =1;s: =s1;s1: =s2;s2: =s;
    end;
    {上述是比较两数大小,如果第一个数小,作标记 p=1,并且交换}
    len1: = length(s1);
    len2: = length(s2);
    fillchar(a,sizeof(a),0);
    fillchar(b,sizeof(b),0);
    for i: =len1 downto 1 do a[m+i-len1]: =ord(s1[i])-ord('0');
    for i: =len2 downto 1 do a[m+i-len2]: =ord(s2[i])-ord('0');
  end;
  procedure main;
  var
    s,g,i:integer;
  begin
    g: =0;
    for i: =m downto 1 do
    if a[i]-g> =b[i] then
    begin
      s: =a[i]-b[i]-g;
      a[i]: =s mod 10;
      g: =0;
    end
    else
    begin
      s: =10+a[i]-b[i]-g;
      a[i]: =s mod 10;
      g: =1;
    end;
```

```
end;
procedure print;
var
  i:integer;
begin
  i:=1;
  if p=1 then write('-');
  while a[i]=0 do inc(i);
  while i<=m do
  begin
    write(a[i]);
    inc(i);
  end;
  writeln;
end;
begin
  init;
  main;
  print;
end.
```

第三节 高精度与单精度的乘法

1. 数据的处理及数据结构的选择

当一个超过计算机所表示的范围的数乘一个计算机精度范围内的数时，也要用到高精度算法进行计算，这种算法我们称它为高精度与单精度的乘法。当相乘的两个数都是超过计算机所表示的范围时，我们称它为高精度与高精度的乘法。

数据结构及算法如下：

```
        a[1]a[2]a[3]…a[95]a[96]a[97]a[98]a[99]a[100]
  *)                                               b
------------------------------------------------------
        a[1]a[2]a[3]…a[95]a[96]a[97]a[98]a[99]a[100]
```

2. 进位的处理

```
g:=0;
for i:=100 downto 1 do
begin
```

```
    s:=a[i]*b+g;
    a[i]:=s mod 10;
    g:=s div 10;
  end;
```

【例 9－3】高精度与单精度乘法。

【问题描述】设相乘的高精度数为三 s1，相乘的另一个单精度数为 b，求 s1 和 b 的乘积。

【分析】

首先读入 s1，将 s1 各位数字分离存储到数组 a 中，然后将 b 乘以数组 a 的每一位数。

【源程序】

```
const
  m=255;
var
  a,b:array [1..m] of 0..9;
procedure init;(读入数据,初始化过程)
var
  s:string;
  len,b,i:integer;
begin
  writeln('input no.1 number:');
  readln(s);
  writeln('input no.2 number:');
  readln(b);
  len:=length(s);
  fillchar(a,sizeof(a),0);
  for i:=len downto 1 do a[m+i-len1]:=ord(s1[i])-ord('0');
end;
procedure main;
var
  s,g,i:integer;
begin
  g:=0;
  for i:=m downto 1 do
  begin
    s:=a[i]*b+g;
    a[i]:=s mod 10;
    g:=s div 10;
  end;
end;
```

```
procedure print;
var
  i:integer;
begin
  i:=1;
  while a[i]=0 do inc(i);
  while i<=m do
  begin
    write(a[i]);
    inc(i);
  end;
  writeln;
end;
begin
  init;
  main;
  print;
end.
```

第四节　高精度与高精度的乘法

数据结构及算法如下：

```
        a[1]a[2]a[3]…a[95]a[96]a[97]a[98]a[99]a[100]
     *) b[1]b[2]b[3]…b[95]b[96]b[97]b[98]b[99]b[100]
------------------------------------------------------
        c[1]c[2]c[3]…c[195]c[196]c[197]c[198]c[199]c[200]
```

当两个高精度数相乘时，得到积的位数最多是最大数的两倍，所以我们保存结果时适当放大到原数位的2倍。

当b[i]乘以数组a中的每一位时，就是一个高精度与单精度的乘法，得到的结果我们开辟一个新的数组d，暂时存放数据。

然后数组d中的每一位与保存最终结果的数组c作一个高精度加法。算法如下：

```
c[1]c[2]c[3]…c[195]c[196]c[197]c[198]c[199]c[200]
        d[1]…d[95] d[96] d[97] d[98] d[99] d[100]…b[100]乘以a
     d[1]…d[95] d[96] d[97] d[98] d[99] d[100]     …b[100]乘以a
  d[1]…d[95]d[96]d[97]d[98]d[99]d[100]               …b[98]乘以a
+)…
------------------------------------------------------------------
c[1]c[2]c[3]…c[195]c[196]c[197]c[198]c[199]c[200]
```

【例 9 - 4】高精度与高精度乘法。

【问题描述】从键盘输入两个高精度数 S1 和 S2,求它们的乘积。

【源程序】

```
const
  m = 255;
var
  a,b:array [1..m] of 0..9;
  c:array[1..2 * m] of 0..9;
procedure init;(读入数据,初始化过程)
var
  s1,s2:string;
  len1,len2,i:integer;
begin
  write('input no.1 number:');
  readln(s1);
  write('input no.2 number:');
  readln(s2);
  len1:=length(s1);
  len2:=length(s2);
  fillchar(a,sizeof(a),0);
  fillchar(b,sizeof(b),0);
  fillchar(c,sizeof(c),0);
  for i:=len1 downto 1 do a[m+i-len1]:=ord(s1[i])-ord('0');
  for i:=len2 downto 1 do a[m+i-len2]:=ord(s2[i])-ord('0');
end;
procedure main;
var
  s,g,gg,i,j,k:integer;
  d:array[1..m] of 0..9;
begin
  for j:=m downto 1 do
  begin
   g:=0;
   fillchar(d,sizeof(d),0);
   for i:=m downto 1 do
    begin
     s:=a[i] * b[j] + g;
     d[i]:=s mod 10;
     g:=s div 10;
```

```
    end;
    {上述作一个高精度与单精度的乘法}
    s:=0;gg:=0;
    for k:=m downto 1 do
    begin
      s:=c[2*m+j-k]+d[k]+gg;
      c[2*m+j-k]:=s mod 10;
      gg:=s div 10
    end;
   {上述作一个高精度的加法}
   end;
end;
procedure print;
var
   i:integer;
begin
   i:=1;
   while a[i]=0 do inc(i);
   while i<=m do
   begin
     write(a[i]);
     inc(i);
   end;
   writeln;
end;
begin
   init;
   main;
   print;
end.
```

第五节 高精度与单精度的除法

1. 高精度除法分类

高精度除法可以分为三种情况：

(1)被除数和除数在计算机能处理范围内,要求的商精确到一定位数(大于计算机精度范围),简称为商的高精度。

(2)被除数是高精度数(超过计算机精度范围),除数在计算机能处理的精度范围内,求商和余数,简称为高精度与单精度除法。

(3)被除数和除数都超过计算机能处理的精度范围,求商和余数,简称为高精度与高精度除法。

商的高精度我们在前面讲过,这里我们就只讲高精度与单精度的除法,原理都是一样的,就是模拟除法。

2. 数据结构及算法

```
      a[1]a[2]a[3]…a[95]a[96]a[97]a[98]a[99]a[100]
   b √a[1]a[2]a[3]…a[95]a[96]a[97]a[98]a[99]a[100]
```

【例9-5】

高精度与单精度的除法。

【问题】

从键盘输入高精度数S和整数b,求出商和余数。

【分析】从键盘输入数字字符串S,然后逐位分离到数组A中,同样的往后靠齐。这样我们就可以使用模拟除法的方法。

【源程序】

```
const
  m=255;
var
  a:array [1..m] of 0..9;
  b,g:integer;
procedure init;(读入数据,初始化过程)
var
  s:string;
  len,i:integer;
begin
  writeln('input no.1 number:');
  readln(s);
  writeln('input no.2 number:');
  readln(b);
  len:=length(s);
  fillchar(a,sizeof(a),0);
  for i:=len downto 1 do a[m+i-len]:=ord(s[i])-ord('0');
end;
procedure main;
var
  s,i:integer;
```

```
begin
  g: =0;
  for i: =m downto 1 do
  begin
    s: =g * 10 + a[i];
    a[i]: =s div b;
    g: =s mod b;
  end;
end;
procedure print;
var
  i:integer;
begin
  i: =1;
  while a[i] =0 do inc(i);
  while i < =m do begin write(a[i]);inc(i);end;
  {上述输出的结果是商,如果需要输出余数,就输出 g 即可。}
  if g < >0 then writeln('……',g)  else  writeln;
end;
begin
  init;
  main;
  print;
end.
```

第六节　高精度与高精度的除法

数据结构及算法如下:

a[1]a[2]…a[100] ÷ b[1]b[2]…b[100] = c[1]c[2]…c[100]

我们可以用简单的减法运算来代替除法运算。算法流程如下:

定义一个加 1 的过程:

c[1]c[2]c[3]…c[100] +1→c[1]c[2]c[3]…c[100]

定义一个高精度减法过程

a[1]a[2]a[3]…a[n] - b[1]b[2]b[3]…b[n] →

a[1]a[2]a[3]…a[n]

定义一个比较数组 a 与数组 b 大小的过程,如果 a 比 b 大,重复上述的(1)、(2)过程。

【例 9－6】高精度与高精度的除法。

【问题描述】

从键盘输入高精度的被除数 s1 和除数 s2，求商和余数。

【源程序】

```
const
   m = 255;
var
   a,b,c:array [1..m] of 0..9;
procedure init;{读入数据，初始化过程}
var
   s1,s2:string;
   len1,len2,i:integer;
begin
   write('input no.1  number:');
   readln(s1);
   write('input no.2  number:');
   readln(s2);
   len1:=length(s1);
   len2:=length(s2);
   fillchar(a,sizeof(a),0);
   fillchar(b,sizeof(b),0);
   fillchar(c,sizeof(c),0);
   for i:=len1 downto 1 do a[m+i-len1]:=ord(s1[i])-ord('0');
   for i:=len2 downto 1 do b[m+i-len2]:=ord(s2[i])-ord('0');
end;
function check:boolean;{比较被减数与减数的大小}
var
   i:integer;
begin
   check:=true;
   i:=1;
   while(a[i]=b[i]) and (i<m) do inc(i);
   if a[i]<b[i] then check:=false;
end;
procedure ine;{作高精度加法运算}
var
   s,g,i:integer;
begin
```

```
    g:=0;
    c[m]:=c[m]+1;
    for i:=m downto 1 do
    begin
      s:=c[i]+g;
      c[i]:=s mod 10;
      g:=s div 10;
    end;
  end;
  procedure sub;{作高精度的除法}
  var
    i,s,g:integer;
  begin
    g:=0;
    for i:=m downto 1 do
    begin
      if a[i]-g>=b[i] then
                          begin
                            s:=a[i]-b[i]-g;
                            g:=0;
                            a[i]:=s;
                          end
                          else
                          begin
                            s:=10+a[i]-b[i]-g;
                            a[i]:=s;
                            g:=1;
                          end;
    end;
  end;
  procedure main;
  begin
    init;
    while check do
    begin
      ine;
      sub;
    end;
```

```
end;
procedure print;
var
  i:integer;
begin
  i:=1;
  while c[i]=0 do inc(i);
  while i<=m do
  begin
    write(c[i]);
    inc(i);
  end;
  {上述过程输出商,如果要输出余数,就是输出数组 a}
  i:=1;
  whilea[i]=0 do inc(i);
  if i<m then
  begin
    write('……');
    while i<=m do
    begin
      write(a[i]);
      inc(i);
    end;
  writeln;
end;
begin
  main;
  print;
end.
```

当被减数与减数相差很大时,上面这种用简单减法代替除法的速度太慢,时间复杂度大。因此,我们给出下面的改进算法。算法过程如下:

```
const
  m=255;
var
  a,b,c:array [1..m] of 0..9;
procedure init;{读入数据,初始化过程}
var
  s1,s2:string;
```

```
  len1,len2,i:integer;
begin
  write('input no.1 number:');
  readln(s1);
  write('input no.2 number:');
  readln(s2);
  len1:=length(s1);
  len2:=length(s2);
  fillchar(a,sizeof(a),0);
  fillchar(b,sizeof(b),0);
  fillchar(c,sizeof(c),0);
  for i:=len1 downto 1 do a[m+i-len1]:=ord(s1[i])-ord('0');
  for i:=len2 downto 1 do a[m+i-len2]:=ord(s2[i])-ord('0');
end;
function check:boolean;{比较被减数与减数的大小}
var
  i:integer;
begin
  check:=true;
  i:=1;
  while(a[i]=b[i]) and (i<m) do inc(i);
  if a[i]<b[i] then check:=false;
end;
procedure ine(m:integer);{作高精度加法运算}
var
  s,g,i:integer;
begin
  g:=0;
  c[m]:=c[m]+1;
  for i:=m downto 1 do
  begin
    s:=c[i]+g;
    c[i]:=s mod 10;
    g:=s div 10;
  end;
end;
procedure sub;{作高精度的除法}
var
```

```
    i,s,g:integer;
  begin
    for i: =m downto 1 do
    begin
      g: =0;
      if a[i] -g> =b[i] then begin
                                        s: =a[i] -b[i] -g;
                                        g: =0;
                                        a[i]: =s;
                                      end
                                      else
                                      begin
                                        s: =10 +a[i] -b[i] -g;
                                        g: =1;
                                        a[i]: =s;
                                      end;
    end;
  end;
  procedure main;
  var
    i,j:integer;
  begin
    init;
    j: =1;
    while check do
    begin
      inc(j);
      for i: =2 to n do b[i-1] =b[i];{减数移位,优化算法}
      b[m]: =0;
    end;
    while j>0 do
    begin
      while check do
      begin
        ine(m-j+1);
        sub;
      end;
      j: =j-1;
```

```
      for  i:=m  downto  2  do   {减数右移处理}
      begin
        b[i]:=b[i-1];
        b[i-1]:=0;
      end;
    end;
  end;
  procedure print;
  var
     i:integer;
  begin
    i:=1;
    while c[i]=0 do inc(i);
    while  i<=m do
    begin
      write(c[i]);
      inc(i);
    end;
    {上述过程输出商,如果要输出余数,就是输出数组 a}
    i:=1;
    while  a[i]=0 do inc(i);
    if i<m  then
    begin
      write('……');
      while i<=m do
      begin
        write(a[i]);
        inc(i);
      end;
      writeln;
    end;
  end;
  begin
    main;
    print;
  end.
```

【例 9－7】用高精度计算出 S＝1！ ＋2！ ＋3！ ＋…＋n！（n＜＝50），其中“！”表示阶乘。例如:5！ ＝1＊2＊3＊4＊5。输入正整数 N，输出计算结果 S。

【分析】

这是一个典型的高精度加法和乘法问题，计算 n！要用高精度乘法，计算 S 则需用高精度加法。另外计算 n！时可以使用递推的方法来提高效率。

【源程序】

```
const
  max = 100;
var
  sum,fac:array[1..max] of integer;
procedure init;
begin
  write('input n:');
  readln(n);
  fillchar(sum,sizeof(sum),0);
  fillchar(fac,sizeof(fac),0);
  fac[max]:=1;
end;
procedure js(m:integer);
var
  i,g,s:integer;
begin
  g:=0;
  for i:=max downto 1 do
  begin
    s:=fac[i]*m+g;
    fac[i]:=s mod 10;
    g:=s div 10;
  end;
end;
procedure jf;
var
  i,s,g:integer;
begin
  g:=0;
  for i:=max downto 1 do
  begin
```

```
      s: =sum[i] +fac[i] +g;
      sum[i]: =s mod 10;
      g: =s div 10;
    end;
  end;
  procedure main;
  var
    j:integer;
  begin
    init;
    for j: =1 to n do
    begin
      js(j);
      jf;
    end;
    j: =1;
    while sum[j] =0 do inc(j);
    while j< =max do
    begin
      write(a[j]);
      inc(j);
    end;
    writeln;
  end;
  begin
    main;
  end.
```

【例9-8】数制转换。

【问题描述】

设有一个字符串 A $ 的结构为:A $ ='m<n>p'。

其中m 为数字串(长度< =20),而n、p 均为一位或两位的数字串(其中所表达的内容在2~10之间)。

程序要求:从键盘上读入A $后(不用正确性检查),将A $中的数字串m(n进制)以p进制的形式输出。

例如:A $ ='48<10>8'

其意义为:将10进制数48转换成8进制数输出。

输出结果为:48<10> =60<8>

【分析】

数制转换是信息的基础,是我们必须熟练掌握的基本内容,因此本例的算法就是数制的转换。但因为要转换的数的最大长度为20,简单的整数类型已经无法承受,因此,必须使用高精度计算。

【源程序】

```
var
  a:array[1..100] of integer;
  n,x,y,l:integer;
  v:string;
procedure init;
var
  i,j,k,code:integer;
  t:string;
begin
  readln(v);
  k:=pos('<',v);
  l:=k-1;j:=0;
  for i:=k-1 downto 1 do
  begin
    inc(j);
    val(v[i],a[j],code);
  end;
  j:=pos('>',v);
  t:=copy(v,k+1,j-k-1);
  val(t,x,code);
  t:=copy(v,j+1,length(v)-j);
  val(t,y,code);
  v:=copy(v,1,j);
end;
procedure main;
var
  b,c,d:array[1..100] of integer;
  i,j,k,l2,l3,l4,s,g:integer;
begin
  fillchar(b,sizeof(b),0);
  fillchar(d,sizeof(d),0);
  l2:=1;b[l2]:=1;l4:=0;
  for i:=1 to l do
```

```
begin
  fillchar(c,sizeof(c),0);
  l3:=l2;g:=0;
  for j:=1 to l2 do
  begin
    s:=a[i]*b[j]+g;
    c[j]:=s mod 10;
    g:=s div 10;
  end;
  if g<>0 then begin
                  inc(l3);
                  c[l3]:=g;
                  g:=0;
               end;
  if l3>l4 then l4:=l3;
  for j:=1 to l3 do
  begin
    s:=d[j]+c[j]+g;
    d[j]:=s mod 10;
    g:=s div 10;
  end;
  if g<>0 then
  begin
    inc(l4);
    d[l4]:=g;
    g:=0;
  end;
  for j:=1 to l2 do
  begin
    s:=b[j]*x+g;
    b[j]:=s mod 10;
    g:=s div 10;
  end;
  if g<>0 then
  begin
    inc(l2);
    b[l2]:=g;
    g:=0;
```

```
      end;
    end;
    fillchar(b,sizeof(b),0);
    j:=0;
    while l4>0 do
    begin
      for i:=l4 downto 1 do
      begin
        s:=d[i]+g*10;
        g:=s mod y;
        d[i]:=s div y;
      end;
      if d[l4]=0 then dec(l4);
      inc(j);b[j]:=g;g:=0;
    end;
    write(v,'=');
    for i:=j downto 1 do
    write(b[i]);
    writeln('<',y,'>');
  end;
  begin
    init;
    main;
  end.
```

强化训练

1. 棋盘

【问题描述】

有一个棋盘,在第一个格子放 1 颗麦子,第二个格子放 2 颗麦子,第三个格子放 4 颗麦子……第 N 个格子放 2^{N-1}颗麦子。你需要编写程序计算出所有格子的麦子总数 S。

【输入】

两个整数 N M(N < =100,M < =100),表示棋盘的格数为 N * M。

【输出】

一个整数 S,表示麦子的总数。

【样例输入】

3 3

【样例输出】

511

2. 火星人的加法

【问题描述】

在 22 世纪，科学家在火星上发现了智慧生命，我们称他们为火星人。火星人非常喜欢数学，每年他们将在火星上举行数学竞赛（ACM）。比赛的任务是计算两个 100 位的数的总和，用时最少的人便是优胜者。现在他们也要求地球上的人参加比赛。

你作为地球的唯一代表，被送到火星参赛，以证明人类的能力。幸好你带了你的手提电脑，它能帮你迅速计算。现在你要做的只是编一个程序来帮助你计算。只是不要忘了火星人有 20 个手指，他们用 20 进制计算。

【输入】

一开始给你两行数字。每行数字不超过 100 位，全部由 0..9 和 a..j 组成。输入数据包含多个测试数据。

【输出】

对于每个测试数据，计算和之后，用 20 进制输出。每行一个结果。

【样例输入】

1234567890
abcdefghijs
99999jjjjj
9999900001

【样例输出】

bdfi02467j
iiiij00000

3. Fibonacci 数列

【问题描述】

Fibonacci 数列满足下列条件：F(I) = F(I-1) + F(I-2) {F(1) = 1; F(2): = 1}。输入 N，输出 Fibonacci 数列的第 N 个（位数不大于 1000）。

【输入】

一个整数 N。

【输出】

一个整数 M，Fibonacci 数列的第 N 位。

【样例输入】

100

【样例输出】

354224848179261915075

4. **麦森数**(noip－2003－p)

【问题描述】

形如 2^P-1 的素数称为麦森数,这时 P 一定也是个素数。但反过来不一定,即如果 P 是个素数,2^P-1 不一定也是素数。到 1998 年底,人们已找到了 37 个麦森数。最大的一个是 P＝3021377,它有 909526 位。麦森数有许多重要应用,它与完全数密切相关。

任务:从文件中输入 P(1000＜P＜3100000),计算 2^P-1 的位数和最后 500 位数字(用十进制高精度数表示)。

输入格式。

文件中只包含一个整数 P(1000＜P＜3100000)。

输出格式。

第 1 行:十进制高精度数 2^P-1 的位数。

第 2～11 行:十进制高精度数 2^P-1 的最后 500 位数字。(每行输出 50 位,共输出 10 行,不足 500 位时高位补 0)

不必验证 2^P-1 与 P 是否为素数。

【样例输入】

1279

【样例输出】

386
00000000000000000000000000000000000000000000000000
00000000000000000000000000000000000000000000000000
00000000000000104079321946643990819252403273640855
38615262247266704805319112350403608059673360298012
23944173232418484242161395428100779138356624832346
49081399066056773207629241295093892203457731833496
61583550472959420547689811211693677147548478866962
50138443826029173234888531116082853841658502825560
46662248318909188018470682222031405210266984354887
32958028878050869736186900714720710555703168729087

第十章　指针变量及线性链表

【知识要点】

1. 指针变量及定义
2. 指针变量的赋值和操作
3. 线性链表的建立
4. 线性链表的基本操作

前面学习过的各种简单类型和构造类型数据称为静态数据类型,静态类型的变量又称为静态变量。在程序中,这些类型的变量一经说明,计算机管理系统就在内存中分配相应的存储单元,该单元自始至终都被该变量占用,直到该程序结束,如果变量是局部变量,那么在它的作用域内,一经说明也占用一定的存储单元,直到退出其作用域为止。静态数据类型不利于内存空间的充分利用,给某些问题的处理带来不便。而解决这类问题我们可用指针数据类型来解决。这章我们就来学习指针数据类型,并通过线性链表的有关操作来学习指针类型变量的使用。

第一节　指针变量

1. 指针类型和指针变量

指针类型的变量是指向某一存储单元的变量,也就是表示某一存储地址的变量。它所指向的存储单元存储的是什么类型的数据,所需要的存储单元的多少,可以由类型定义加以说明,这样的数据类型称为指针的基类型。

指针类型的定义格式如下:

```
type
  指针类型标识符 =^基类型;
```

其中基类型是前面我们所学过的数据类型,但不能是文件类型。

如:

```
type
  point =^integer;
  ch =^char;
var
  p1,p2,p3:point;
```

```
    c1,c2:ch;
```

这里 point,ch 是指针类型名,即指针类型标识符,p1,p2,p3,c1,c2 是指针变量。上面定义中右边的“^”符号是指针类型的特征,必不可少,表示所定义的类型是指针类型。上面的定义也可用如下方式表示:

```
var
    p1,p2,p3:^integer;
    c1,c2:^char;
```

Pascal 规定所有类型都必须先定义后使用,但只有在定义指针类型时可以例外,如下列定义是合法的:

```
type
    point = ^rec;
    rec = record
            a:integer;
            name:string[20];
            b:char;
          end;
```

这里的基类型是记录型的指针类型。

指针类型还有另外一种定义方法:

```
type
    指针名 =^结点类型名;
    结点类型名 = 类型;
var
    指针类型变量名:指针名;
```

我们举一个具体的例子来说明:

```
type
    class =^students;
    students = record
                  name:string[10];
                  age:1..80;
                  link:class;
               end;
var
    clas1,clas2:class;
```

以上数据类型的定义也是合法的,在此使用了递归定义,在记录中有一个指针域 link,它又指向指针类型 class。

2. 指针变量的使用

指针变量是动态存储,在使用指针变量前要先申请存储空间,使用完后可以释放所占用的存储空间。

(1)申请存储单元的过程。

格式如下:

new(指针变量)

功能:开辟(分配)一个存储单元,此单元能存放的数据的类型正好是指针的基类型,并把此存储单元的地址赋给指针变量。

例如,设有说明:

var p:^integer;

这里只定义了P是一个指向整型存储单元的指针变量,但这个单元尚未开辟。当程序中执行了语句new(p)才给p在内存中开辟一个整型变量存储单元,并把此单元的地址存放在变量p中。

(2)释放动态存储单元。

当用户不再需要指针变量所指向的存储单元时,可以通过调用dispose过程来释放该存储单元,使用格式如下:

dispose(指针变量)

功能:释放指针所指向的存储单元,使指针变量的值无定义。

3. 指针变量的赋值和操作

(1)指针变量的赋值。

在用new过程为指针变量申请存储空间后,可以给指针变量赋予存储单元的地址值,如设P为指针变量,则用P^来表示指针P所指向的存储单元的值。可用图示表示如下(见图10－1):

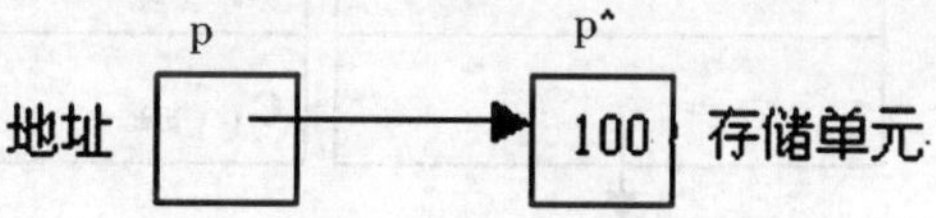

图10－1　指针变量的赋值过程

语句:p^:=100;

即将100存放到p所指的存储单元p^中。

指针变量赋值的一般格式是:

P^:=数据;

对于同一基类型的指针变量,它们之间也可以互相赋值。如设p1,p2是同一类型指针,可以执行如下操作:p1:=p2(即将p2的地址值赋给p1,这时指针p1也指向了p2存储单元,p1原先的存储单元地址便丢失了,必要时可先用另一指针变量存储起来);p1^:=p2^(将p2指向的存储单元的值赋给p1所指向的存储单元,p1的存储单元还存在),要注意这两者的区别。

当指针变量指向一个记录型的地址时,它可以对记录中的字段赋值,其方法如下:

```
type
  class =^student;
  student = record
          name:string[8];
          age:1..20;
          link:class;
        end;
var
  c1,c2:class;
begin
  new(c1);new(c2);
  c1^.name:='linming';
  c1^.age:=18;
  c2^.name:='wanglan';
  c2^.age:=19;
  c1^.link:=c2;
  c2^.link:=nil;
end.
```

其关系如图 10－2 所示：

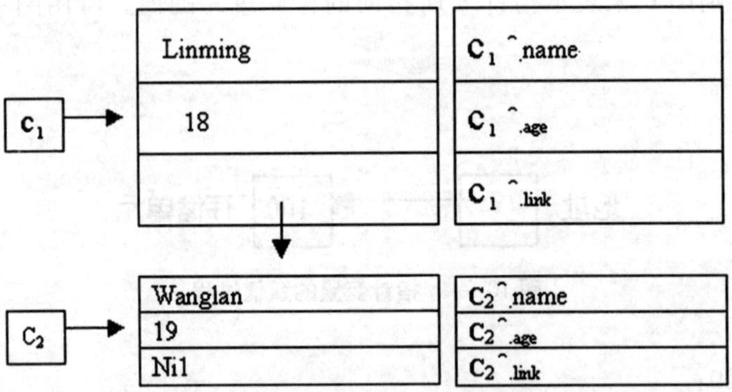

图 10－2　结点 C_1、C_2 赋值过程

(2)可以给指针变量赋 nil 值。

当指针变量不指向任何存储空间时，可以赋值为空，即 nil。

如：p1:=nil;

(3)可以对指针变量进行关系运算。

在实际应用中，通常可以在指针变量之间或指针变量与 nil 之间进行关系运算，得到的结果为布尔值。

【例 10－1】写出程序的运行结果。

```
var
   p1,p2:^integer;
begin
   new(p1);
   p1^:=123;
   new(p2);
   p2^:=18;
   p1^:=p1^+p2^;
   writeln(p1^,'  ',p2^);
   writeln(p1=p2);
end.
```

【分析】

这里有两个指针变量 p1 和 p2,先为 p1 申请了存储空间,然后对 p1 所指向的存储地址存入值 123;后为指针变量 p2 申请存储空间,对 p2 所指向的存储单元存入值 18,并将 p1 存储单元的值 123 和 p2 存储单元的值 18 相加后的结果 141 存入 p1 所指向的存储单元,p1 和 p2 分别指向不同的存储单元,故输出结果为:

```
141   18
false
```

【例 10-2】写出程序的运行结果。

```
var
   p1,p2,p3:^integer;
begin
   new(p1);
   new(p2);
   p1^:=9;
   p2^:=7;
   p3:=p1;
   p1:=p2;
   p2:=p3;
   writeln(p1^,' ',p2^);
   writeln(p2=p3);
end.
```

【分析】

本程序首先为 p1、p2 申请了存储单元,并分别在两存储单元中存入值 9 和 7,P3 作为中间变量,交换 p1 和 p2 两个指针的地址,最后 p2 和 P3 指向同一单元,故输出结果为:

```
7   9
true
```

【例 10-3】写出程序的运行结果。

```
type
   class = ^students;
   students = record
                 name:string[10];
                 age:1..80;
                 link:class;
               end;
var
   p,clas1,clas2:class;
begin
   new(clas1); new(clas2);
   p: = clas1;
   clas1^. name: = 'zhangshang';
   clas1^. age: = 18;
   clas1^. link: = clas2;
   clas2^. name: = 'lisi';
   clas2^. age: = 20;
   clas2^. link: = nil;
   while p < > nil do
   begin
      write(p^. name,'   ');
      writeln(p^. age);
      p: = p^. link;
   end;
end.
```

【分析】

本程序每个指针变量指向一个记录数据类型,每个记录包含域 name、age,和一个指向另一个记录的指针变量。这里有两个记录内容(p1 和 p2 所指向的记录内容),并有 clas1^. link: = clas2,将第 1 个记录的指针域指向了第二个记录,同时有 P: = clas1,故可以通过指针 P,逐个输出 P 所指向的记录内容,直到最后一个。故输出结果为:

```
zhangshang   18
lisi   20
```

第二节 线性链表

前面所学的数据类型的变量在定义变量时就为变量分配了存储单元,故前面所学的数据类型如整型、数组型、记录型等称为静态数据类型,由于指针型变量是在要使用时才向计算机申请存储单元,所以指针类型又称为动态数据类型。指针和动态数据结构有着密切的关系。线性链表是动态数据类型中最简单的一种,下面通过线性链表来说明指针的应用。

1. 线性链表的基本结构

链表是动态数据结构的一种基本形式。如果我们把指针所指的一个存贮单元叫做结点,那么链表就是把若干个结点连成了一串。我们把链表叫做动态数据结构,是因为链表中的结点可增可减,可多可少,可在中间任意一个位置插入和删除。

下面就是一个链表:

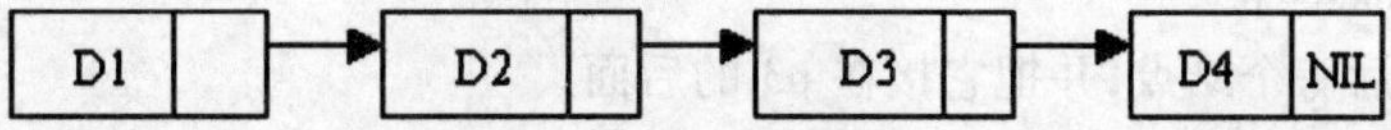

图 10 - 3　数据域

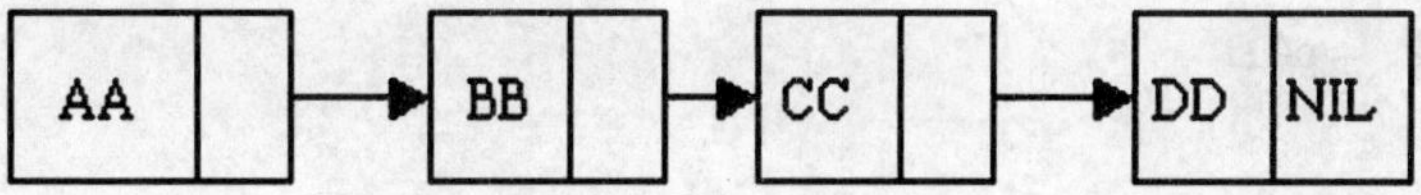

图 10 - 4　指针域

每个链表有两个域,一个是数据域(见图 10 - 3),一个是指向下一个结点的指针域(见图 10 - 4)。最后一个结点的指针域为 NIL,NIL 表示空指针。

要定义一个链表,每个结点要定义成记录型,而且其中有一个域为指针。

```
type
  point = ^pp;
  pp = record
         data:string[5];
         link:point;
       end;
var
  p1,p2:point;
```

在这个定义中,定义了两个指针变量 p1,p2。每个结点有两个域:一个是数据域;一个是指针域。数据域是字符串型。这种定义中,指针中有记录,记录中有指针,形成一种递归调用。

下面我们来看一下如何定义图 10 - 3 的链表:

有:head,p1,p2,p3,p4 属于 point 类型。

(1)建立第一个结点,并赋给头指针。

```
new(p1);
```

```
p1^.data:=D1;
head:=p;
```

(2)建立第二个结点,并把它接在 p1 的后面。

```
new(p2);
p2^.data:=D2;
p1^.link:=p2;
```

(3)建立第三个结点,并把它接在 p2 的后面。

```
new(p3);
p3^.data:=D3;
p2^.Link:=p3;
```

(4)建立最后一个结点,并把它接在 p3 的后面。

```
new(p4);
p4^.data:=D4;
p4^.link:=Nil;
p3^.link:=p4;
```

2. 建链表

(1)建先进先出的链表。

【例 10-4】读入一批整型数据,遇负数时停止,将读入的正数组成先进先出的链表并输出,至少会处理一个正数。

【分析】首先应定义指针类型,结点类型和指针变量,读入第一个值,建立头结点,读入第二个值,判断它是否大于零,若是,建立新结点。

【源程序】

```
type
   point=^node;
   node=record
           data:integer;
           next:point
        end;
var
   head,p,q:point;
   x:integer;
begin
   {读入第一个值,建立首结点}
   read(x);
   new(head);
   head^.data:=x;
   p:=head;
```

```
    read(x);
    while x>0 do
    begin
    {建立新结点 q}
      new(q);
      q^.data:=x;   {链接到表尾}
      p^.next:=q; {把结点 p 指向 q 结点}
      p:=q;         {结点 p 下移}
      read(x);
    end;
    p^.next:=nil; {表尾指针域置 nil}
    {下述过程输出链表}
    writeln;
    p:=head;
    while p<>nil do
    begin
      write(p^.data:6);
      p:=p^.next;
    end;
  end.
```

(2)建立先进后出的链表。

【例 10-5】读入一批整型数据，遇负数时停止，将读入的正数组成先进后出的链表并输出。

【源程序】

```
type
  point=^node;
  node=record
          data:integer;
          next:point;
        end;
var
  head,p,q:point;
  x:integer;
begin
  p:=nil;
  read(x);
  while x>0 do
  begin
```

```
      new(head);{建立头结点}
      head^.data:=x;
      head^.next:=p;{把头指针指向 p}
      p:=head;{指针前移}
      read(x);{读入下一个数}
    end;
{下述过程输出链表}
    writeln;
    p:=head;
    while p<>nil do
    begin
      write(p^.data:6);
      p:=p^.next;
    end;
end.
```

思考:请同学自己画出上述两个建链表过程的示意图。

3. 在链表中插入结点

其实在上述建链表的两个程序中就已经使用到了在链表中如何插入结点。

(1)插入结点的方法。

在一个已建好的链表中插入一个结点,这是一种常见算法。当我们找到插入点后,就断开原先的链接,将新结点插入进来。

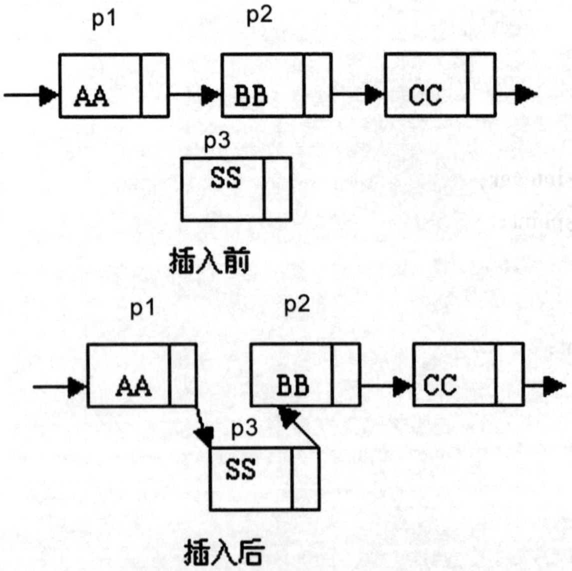

图 10-5 在链表中插入结点

数据类型说明如下:

```
type
  point = ^pp;
  pp = record
      data: string[2];
      next: point;
    end;
var
  p1, p2, p3: point;
```

如图 10-5 所示:要把 P3 的结点插入到 p2 之前,应该这样操作:

(a)p1,p2 之间的链断开,改为 p1 指向 p3。

p1^. next: = p3;

(b)将 p2,p3 连接起来:

P3^. next: = p2;

于是,p3 所指向的结点便插入进来了。

(2)在链表中插入结点的实现过程。

【例 10-6】有一个链表,头结点为 head,结点的值已经按照从小到大的顺序排好序,要求在链表中插入一结点 x,链表中的值还是有序的。

【分析】

因为链表本身已经是一个有序表,所以在插入链表的过程中,关键是找出在链表中的插入位置。

```
procedure insert(x:data;var head:point);
var
  q,p,k:point;
begin
  new(q);
  q^. data: = x; {建立新结点}
  if x < = head^. data   then {插入表头}
  begin
    q^. next: = head;
    head: = q;
  end
  else
  begin     {找出表中合适的位置}
    p: = head;
    while (x > = p^. data) and (p^. next < > nil) do
    begin
      k: = p;
```

```
      p: =p^. next;
    end;
    if x <p^. data   then   {前插入}
    begin
      q^. next: =p;
      k^. next: =q;
    end
    else    {插入表尾}
    begin
      p^. next: =q;
      q^. next: =nil;
    end;
  end;
  end.
```

【点评】

在插入结点的过程中,在链表头结点和尾结点插入这两种特殊情况一定要考虑。在中间位置插入,上述过程采用了前插入操作,请同学们思考如果采用后插入,应如何操作? 能够画出操作示意图吗?

4. 在链表中删除结点

(1)删除结点的方法。

要在一个链表中删去一个结点,首先在链表中找到该结点,将其前面的指针与该点断开,直接接到后面的结点,再用 dispose 命令释放空间。如图 10-6 所示:要删除 P3 结点

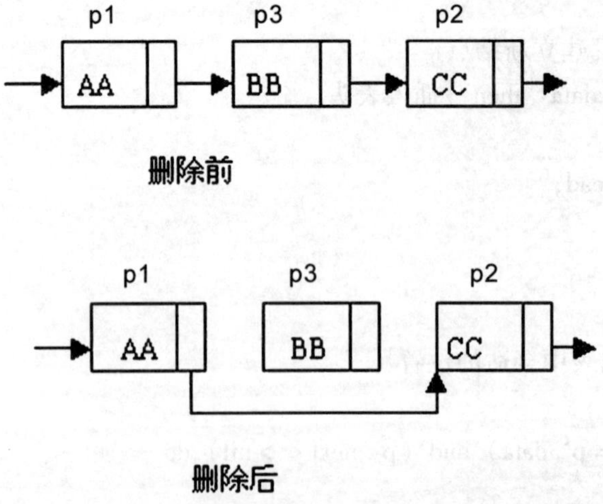

图 10-6 在链表中删除结点

删除语句如下：

```
p1^. next：= p3^. next；
dispose( p3)；
```

上述删除方法是采用后删除的方法,后删除的方法一定要找到要删除结点的前一结点。

(2)在链表中删除结点的实现过程。

【例 10 - 7】有一个链表,头结点为 head,要求在链表中删除结点值为 x 的结点。

【源程序】

```
procedure delete(x:integer;var head:point);
var
  p,q:point;
begin
{遍历表直到找到目标或到达表末}
  p：= head；
  while (p^. data < > x) and (p^. next < > nil) do
  begin
    q：= p；
    p：= p^. next；
  end；
{如果目标文件找到,删除包含它的结点}
  if p^. data = x  then
                 if p = head then head：= head^. next；
                                  else q^. next：= p^. next；
end；
```

【点评】

如果要找的结点是头结点,这种情况要另外处理。

【例 10 - 8】将两个有序单链表 A,B 中数据域值相同的结点组成一个新链表,并输出。假设链表中没有值为 0 的结点,以 0 表示链表的输入结束。

【分析】

这个问题本质上就是如何建立新链表。

【源程序】

```
type
  point = ^node；
  node = record
           data：integer；
           next：point；
         end；
var
```

```
   head1,head2,head3:point;{A、B 链表及新链表的头指针}
{下述过程是建新链表的过程}
procedure creat(var head:point);{注意要使用变参}
var
   p,q:point;
   x:integer;
begin
   head:=nil;
   read(x);
   while x<>0 do
   begin
      if head=nil then
      begin
         new(p);p^.data:=x;head:=p;q:=p;{产生头结点}
      end
      else
      begin
         new(p);p^.data:=x;q^.next:=p;q:=p;{链表结点的插入}
      end;
      q^.next:=nil;
   end;
end;
{找出符合条件的数据,产生新表}
procedure same(head1,head2:point;var head3:point);
var
   p1,p2,p,q:point;
begin
   p1:=head1;p2:=head2;head3:=nil;q:=head3;
   while p1<>nil do
   begin
      while p2<>nil do
      begin
         if p1^.data=p2^.data then
            if head3:=nil then
            begin
               new(p);
               head3:=p;
               p^.data:=p1^.data;
```

```
                q: =p;
            end
            else
            begin
                new(p);p^.data: =p1^.data;
                q^.next: =p;
                q: =p;
            end;
        p2: =p2^.next;
    end;
    p2: =head2;p1: =p1^.next;
    end;
    q^.next: =nil;
end;
procedure print(head:point);{输出过程}
var
    p:point;
begin
    p: =head;
    while p< >nil do
    begin
        write(p^.data:5);
        p: =p^.next;
    end;
end;
procedure main;
begin
    write('input A:');creat(head1);
    writeln;
    write('input B:');creat(head2);
    writeln;
    same(head1,head2,head3);
    print(head3);
end;
begin
    main;
end.
```

【例 10－9】有两个按递增顺序排列的线性链表，归并后产生一个新表，要求仍按递增顺序排列。假设链表中没有值为 0 的结点，以 0 表示链表的输入结束。

【分析】

归并的定义：将两个有序的线性链表，按一定的顺序合并为一个线性链表，归并后仍按一定顺序排列。

【源程序】

```
type
   point = ^node;
   node = record
            data:integer;
            next:point;
         end;
var
   head1,head2,head3:point;{A、B 链表及新链表的头指针}
{建新链表的过程，注意风格与上例的区别}
procedure creat(var head:point);
var
   p,q:point;
   n,i:integer;
begin
   read(n);i:=1;
   while n<>0 do
   begin
      new(p);
      p^.data:=n;
      p^.next:=nil;
      if  i=1 then head:=p;
      q^.next:=p;q:=p;i:=i+1;
      read(n);
   end;
end;
procedure main(head1,head2:point var head3:point);
var
   p1,p2,p,q:point;
   i:integer;
begin  i:=0;
   p1:=head1;p2:=head2;
   while (p1^.data<p2^.data) and (p1<>nil) do
```

```
    begin
      i: =i+1;
      if i=1  then  head3: =p1;
      p: =p1;
      q: =p;
      p1: =p1^. next;
      p: =p^. next;
    end;
    while (p2^. data<p1^. data) and (p2< >nil) do
    begin
      i: =i+1;
      if i=1   then  head3: =p2;
      p: =p2;
      q: =p;
      p2: =p2^. next;
      p: =p^. next;
    end;
    while (p1 =nil) and (p2< >nil) do{将 p2 的剩余结点归并}
    begin
      p: =p2;p2: =p2^. next;
      p: =p^. next;
    end;
    while (p2 =nil) and (p1< >nil) do{将 p1 的剩余结点归并}
    begin
      p: =p1;p1: =p1^. next;
      p: =p^. next;
    end;
end;
procedure  print(head:point);{输出过程}
var
   p:point;
begin
   p: =head;
   while  p< >nil  do
   begin
     write(p^. data:5);
     p: =p^. next;
   end;
```

```
end;
begin
  creat(head1);
  creat(head2);
  main(head1,head2,head3);
  print(head3);
end.
```

强化训练

1. 建立一个有序的整数链表。

2. 建一个链表,其中结点的值依次为 1 ~ 50。要求任意输入一个 50 以内的数,把它从链表中删除。

3. 设链表 A 中存有若干个整数(所有整数都是 1000 以内的正整数),删除所有结点值为素数的结点。

4. 建立两个链表,分别表示多项式 y1 和 y2,链表中的每个结点的形式如下:

系数	指数	指针

每个链表都是按照多项式的降幂排列,编一个程序完成两个多项式的加法运算。用两种方法来实现:

另建立一个新链表,该链表就是相加后的多项式;

以 y1 或 y2 为基表,将另一多项式归并到该链表中。

附录一

编译错误信息表

错误代码	错误信息	中文含义
Error 1	Out of memory	内存溢出
Error 2	Identifier expected	缺少标识符
Error 3	Unknown identifier	不能识别的标识符
Error 4	Duplicate identifier	重复定义的标识符
Error 5	Syntax error	语法错误
Error 6	Error in real constant	实型常量错误
Error 7	Error in integer constant	整型常量错误
Error 8	String constant exceeds line	字符串常量超过一行
Error 10	Unexpected end of file	文件非正常结束
Error 11	Line too long	行太长
Error 12	Type identifier expected	未定义的类型标识符
Error 13	Too many open files	打开文件太多
Error 14	Invalid file name	无效的文件名
Error 15	File not found	文件未找到
Error 16	Disk full	磁盘满
Error 17	Invalid compiler directive	无效的编译命令
Error 18	Too many files	文件太多
Error 19	Undefined type in pointer def	指针定义中未定义类型
Error 20	Variable identifier expected	缺变量标识符
Error 21	Error in type	类型错误
Error 22	Structure too large	结构类型太长
Error 23	Set base type out of range	集合基类型越界
Error 24	File components may not be files or objectsfile	分量不能是文件或对象
Error 25	Invalid string length	无效的字符串长度
Error 26	Type mismatch	类型不匹配
Error 27	Invalid subrange base type	无效的子界基类型
Error 28	Lower bound greater than upper bound	下界超过上界

(续上表)

错误代码	错误信息	中文含义
Error 29	Ordinal type expected	缺有序类型
Error 30	Integer constant expected	缺整型常量
Error 31	Constant expected	缺常量
Error 32	Integer or real constant expected	缺整型或实型常量
Error 33	Pointer Type identifier expected	缺指针类型标识符
Error 34	Invalid function result type	无效的函数结果类型
Error 35	Label identifier expected	缺标号标识符
Error 36	BEGIN expected	缺 BEGIN
Error 37	END expected	缺 END
Error 38	Integer expression expected	缺整型表达式
Error 39	Ordinal expression expected	缺有序类型表达式
Error 40	Boolean expression expected	缺布尔表达式
Error 41	Operand types do not match	操作数类型不匹配
Error 42	Error in expression	表达式错误
Error 43	Illegal assignment	非法赋值
Error 44	Field identifier expected	缺域标识符
Error 45	Object file too large	目标文件太大
Error 46	Undefined external	未定义的外部过程与函数
Error 47	Invalid object file record	无效的 OBJ 文件格式
Error 48	Code segment too large	代码段太长
Error 49	Data segment too large	数据段太长
Error 50	DO expected	缺 DO
Error 51	Invalid PUBLIC definition	无效的 PUBLIC 定义
Error 52	Invalid EXTRN definition	无效的 EXTRN 定义
Error 53	Too many EXTRN definitions	太多的 EXTRN 定义
Error 54	OF expected	缺 OF
Error 55	INTERFACE expected	缺 INTERFACE
Error 56	Invalid relocatable reference	无效的可重定位引用
Error 57	THEN expected	缺 THEN
Error 58	TO or DOWNTO expected	缺 TO 或 DOWNTO
Error 59	Undefined forward	提前引用未经定义的说明
Error 61	Invalid typecast	无效的类型转换
Error 62	Division by zero	被零除

（续上表）

错误代码	错误信息	中文含义
Error 63	Invalid file type	无效的文件类型
Error 64	Cannot read or write variables of this type	不能读写此类型变量
Error 65	Pointer variable expected	缺指针类型变量
Error 66	String variable expected	缺字符串变量
Error 67	String expression expected	缺字符串表达式
Error 68	Circular unit reference	单元 UNIT 部件循环引用
Error 69	Unit name mismatch	单元名不匹配
Error 70	Unit version mismatch	单元版本不匹配
Error 71	Internal stack overflow	内部堆栈溢出
Error 72	Unit file format error	单元文件格式错误
Error 73	IMPLEMENTATION expected	缺 IMPLEMENTATION
Error 74	Constant and case types do not match	常量和 CASE 类型不匹配
Error 75	Record or object variable expected	缺记录或对象变量
Error 76	Constant out of range	常量越界
Error 77	File variable expected	缺文件变量
Error 78	Pointer expression expected	缺指针表达式
Error 79	Integer or real expression expected	缺整型或实型表达式
Error 80	Label not within current block	标号不在当前块内
Error 81	Label already defined	标号已定义
Error 82	Undefined label in preceding statement part	在前面未定义标号
Error 83	Invalid @ argument	无效的@参数
Error 84	UNIT expected	缺 UNIT
Error 85	";" expected	缺“;”
Error 86	":" expected	缺“:”
Error 87	"," expected	缺“,”
Error 88	"(" expected	缺“(”
Error 89	")" expected	缺“)”
Error 90	"=" expected	缺“=”
Error 91	":=" expected	缺“:=”
Error 92	"[" or "(." Expected	缺“[”或“(.”
Error 93	"]" or ".)" expected	缺“]”或“.)”
Error 94	"." expected	缺“.”
Error 95	".." expected	缺“..”

（续上表）

错误代码	错误信息	中文含义
Error 96	Too many variables	变量太多
Error 97	Invalid FOR control variable	无效的 FOR 循环控制变量
Error 98	Integer variable expected	缺整型变量
Error 99	Files and procedure types are not allowed here	该处不允许文件和过程类型
Error 100	String length mismatch	字符串长度不匹配
Error 101	Invalid ordering of fields	无效域顺序
Error 102	String constant expected	缺字符串常量
Error 103	Integer or real variable expected	缺整型或实型变量
Error104	Ordinal variable expected	缺有序类型变量
Error 105	INLINE error	INLINE 错误
Error 106	Character expression expected	缺字符表达式
Error 107	Too many relocation items	重定位项太多
Error 108	Overflow in arithmetic operation	算术运算溢出
Error 112	CASE constant out of range	CASE 常量越界
Error 113	Error in statement	表达式错误
Error 114	Cannot call an interrupt procedure	不能调用中断过程
Error 116	Must be in 8087 mode to compile this	必须在 8087 模式编译
Error 117	Target address not found	找不到目标地址
Error 118	Include files are not allowed here	该处不允许 INCLUDE 文件
Error 119	No inherited methods are accessible here	该处继承方法不可访问
Error 121	Invalid qualifier	无效的限定符
Error 122	Invalid variable reference	无效的变量引用
Error 123	Too many symbols	符号太多
Error 124	Statement part too large	语句体太长
Error 126	Files must be var parameters	文件必须是变量形参
Error 127	Too many conditional symbols	条件符号太多
Error 128	Misplaced conditional directive	条件指令错位
Error 129	ENDIF directive missing	缺 ENDIF 指令
Error 130	Error in initial conditional defines	初始条件定义错误
Error 131	Header does not match previous definition	和前面定义的过程或函数不匹配
Error 133	Cannot evaluate this expression	不能计算该表达式
Error 134	Expression incorrectly terminated	表达式错误结束
Error 135	Invalid format specifier	无效格式说明符

（续上表）

错误代码	错误信息	中文含义
Error 136	Invalid indirect reference	无效的间接引用
Error 137	Structured variables are not allowed here	该处不允许结构变量
Error 138	Cannot evaluate without System unit	没有 System 单元不能计算
Error 139	Cannot access this symbol	不能存取符号
Error 140	Invalid floating point operation	无效的符号运算
Error 141	Cannot compile overlays to memory	不能编译覆盖模块至内存
Error 142	Pointer or procedural variable expected	缺指针或过程变量
Error 143	Invalid procedure or function reference	无效的过程或函数调用
Error 144	Cannot overlay this unit	不能覆盖该单元
Error 146	File access denied	不允许文件访问
Error 147	Object type expected	缺对象类型
Error 148	Local object types are not allowed	不允许局部对象类型
Error 149	VIRTUAL expected	缺 VIRTUAL
Error 150	Method identifier expected	缺方法标识符
Error 151	Virtual constructors are not allowed	不允许虚构造函数
Error 152	Constructor identifier expected	缺构造函数标识符
Error 153	Destructor identifier expected	缺结构函数标识符
Error 154	Fail only allowed within constructors	只能在构造函数内使用 Fail 标准过程
Error 155	Invalid combination of opcode and operands	操作数与操作符无效组合
Error 156	Memory reference expected	缺内存引用指针
Error 157	Cannot add or subtract relocatable symbol	不能加减可重定位符号
Error 158	Invalid register combination	无效寄存器组合
Error 159	286/287 instructions are not enabled	未激活 286/287 指令
Error 160	Invalid symbol reference	无效符号指针
Error 161	Code generation error	代码生成错误
Error 162	ASM expected	缺 ASM
Error 166	Procedure or function identifier expected	缺过程或函数标识符
Error 167	Cannot export this symbol	不能输出该符号
Error 168	Duplicate export name	外部文件名重复
Error 169	Executable file header too large	可执行文件头太长
Error 170	Too many segments	太多字段

附录二

运行错误信息表

运行错误分为四类:1 ~99 为 DOS 错误;100 ~149 为 I/O 错误,发生 I/O 后,如果使用了编译开关{ $ I + },程序将终止执行,否则编译开关为{ $ I - },程序继续执行,并由 IOResult 函数返回错误信息; 150 ~199 为严重错误;200 ~255 为致命错误,发生致命错误将立即终止程序执行。

错误代码	错误信息	中文含义
Error 1	Invalid function number	无效函数号
Error 2	File not found	文件未找到
Error 3	Path not found	找不到路径
Error 4	Too many open files	打开文件太多
Error 5	File access denied	文件不允许访问
Error 6	Invalid file handle	无效文件句柄
Error 12	Invalid file access code	无效文件存取代码
Error 15	Invalid drive number	无效驱动器号
Error 16	Cannot remove current directory	不能删除当前目录
Error 17	Cannot rename across drives	不能跨驱动器改名
Error 18	No more files	没有文件了
Error 100	Disk read error	读磁盘错
Error 101	Disk write error	写磁盘错
Error 102	File not assigned	文件变量未赋值
Error 103	File not open	文件未打开
Error104	File not open for input	文件未打开为写方式
Error 105	File not open for output	文件未打开为读方式
Error 106	Invalid numeric format	无效数值格式
Error 150	Disk is write-protected	磁盘写保护
Error 151	Bad drive request struct length	错误的驱动器请求结构长度
Error 152	Drive not ready	驱动器未准备好
Error 154	CRC error in data	数据 CRC 校验错
Error 156	Disk seek error	磁盘定位错
Error 157	Unknown media type	未知的介质类型

（续上表）

错误代码	错误信息	中文含义
Error 158	Sector Not Found	找不到扇区
Error 159	Printer out of paper	打印机缺纸
Error 160	Device write fault	设备写错误
Error 161	Device read fault	设备读错误
Error 162	Hardware failure	硬件故障
Error 200	Division by zero	被零除
Error 201	Range check error	范围检查出错
Error 202	Stack overflow error	栈溢出
Error 203	Heap overflow error	堆溢出
Error 204	Invalid pointer operation	无效的指针操作
Error 205	Floating point overflow	浮点运算上溢
Error 206	Floating point underflow	浮点运算下溢
Error 207	Invalid floating point operation	无效的浮点运算
Error 208	Overlay manager not installed	未安装覆盖管理程序
Error 209	Overlay file read error	读覆盖文件错误
Error 210	Object not initialized	对象未初始化
Error 211	Call to abstract method	调用抽象方法
Error 212	Stream registration error	流注册错误
Error 213	Collection index out of range	集合下标越界
Error 214	Collection overflow error	集合上溢
Error 215	Arithmetic overflow error	算术运算上溢
Error 216	General Protection fault	一般保护性错误

附录三

美国信息交换标准代码表

（ASCII 表）

第一部分：ASCII 非打印控制字符表

ASCII 表上的数字 0～31 分配给了控制字符，用于控制像打印机等一些外围设备。例如，12 代表换页/新页功能。此命令指示打印机跳到下一页的开头。（参详 ASCII 码表中 0～31）

第二部分：ASCII 打印字符

数字 32～126 分配给了能在键盘上找到的字符，当您查看或打印文档时就会出现。数字 127 代表 DELETE 命令。（参详 ASCII 码表中 32～127）

ASCII 码表 0－127

Bin	Dec	Hex	缩写/字符	解释
00000000	0	00	NUL(null)	空字符
00000001	1	01	SOH(start ofheadling)	标题开始
00000010	2	02	STX (start of text)	正文开始
00000011	3	03	ETX (end of text)	正文结束
00000100	4	04	EOT (end of transmission)	传输结束
00000101	5	05	ENQ (enquiry)	请求
00000110	6	06	ACK (acknowledge)	收到通知
00000111	7	07	BEL (bell)	响铃
00001000	8	08	BS (backspace)	退格
00001001	9	09	HT (horizontal tab)	水平制表符
00001010	10	0A	LF (NL line feed, new line)	换行键
00001011	11	0B	VT (vertical tab)	垂直制表符
00001100	12	0C	FF (NP form feed, new page)	换页键
00001101	13	0D	CR (carriage return)	回车键
00001110	14	0E	SO (shift out)	不用切换
00001111	15	0F	SI (shift in)	启用切换
00010000	16	10	DLE (data link escape)	数据链路转义
00010001	17	11	DC1 (device control 1)	设备控制 1
00010010	18	12	DC2 (device control 2)	设备控制 2
00010011	19	13	DC3 (device control 3)	设备控制 3
00010100	20	14	DC4 (device control 4)	设备控制 4

（续上表）

Bin	Dec	Hex	缩写/字符	解释
00010101	21	15	NAK（negative acknowledge）	拒绝接收
00010110	22	16	SYN（synchronous idle）	同步空闲
00010111	23	17	ETB（end of trans. block）	传输块结束
00011000	24	18	CAN（cancel）	取消
00011001	25	19	EM（end of medium）	介质中断
00011010	26	1A	SUB（substitute）	替补
00011011	27	1B	ESC（escape）	溢出
00011100	28	1C	FS（file separator）	文件分割符
00011101	29	1D	GS（group separator）	分组符
00011110	30	1E	RS（record separator）	记录分离符
00011111	31	1F	US（unit separator）	单元分隔符
00100000	32	20	（space）	空格
00100001	33	21	!	
00100010	34	22	"	
00100011	35	23	#	
00100100	36	24	$	
00100101	37	25	%	
00100110	38	26	&	
00100111	39	27	´	
00101000	40	28	(	
00101001	41	29	)	
00101010	42	2A	*	
00101011	43	2B	+	
00101100	44	2C	,	
00101101	45	2D	-	
00101110	46	2E	.	
00101111	47	2F	/	
00110000	48	30	0	
00110001	49	31	1	
00110010	50	32	2	
00110011	51	33	3	
00110100	52	34	4	
00110101	53	35	5	
00110110	54	36	6	
00110111	55	37	7	
00111000	56	38	8	

(续上表)

Bin	Dec	Hex	缩写/字符	解释
00111001	57	39	9	
00111010	58	3A	:	
00111011	59	3B	;	
00111100	60	3C	<	
00111101	61	3D	=	
00111110	62	3E	>	
00111111	63	3F	?	
01000000	64	40	@	
01000001	65	41	A	
01000010	66	42	B	
01000011	67	43	C	
01000100	68	44	D	
01000101	69	45	E	
01000110	70	46	F	
01000111	71	47	G	
01001000	72	48	H	
01001001	73	49	I	
01001010	74	4A	J	
01001011	75	4B	K	
01001100	76	4C	L	
01001101	77	4D	M	
01001110	78	4E	N	
01001111	79	4F	O	
01010000	80	50	P	
01010001	81	51	Q	
01010010	82	52	R	
01010011	83	53	S	
01010100	84	54	T	
01010101	85	55	U	
01010110	86	56	V	
01010111	87	57	W	
01011000	88	58	X	
01011001	89	59	Y	
01011010	90	5A	Z	
01011011	91	5B	\[	
01011100	92	5C	\\	

（续上表）

Bin	Dec	Hex	缩写/字符	解释
01011101	93	5D	\]	
01011110	94	5E	^	
01011111	95	5F	_	
01100000	96	60	`	
01100001	97	61	a	
01100010	98	62	b	
01100011	99	63	c	
01100100	100	64	d	
01100101	101	65	e	
01100110	102	66	f	
01100111	103	67	g	
01101000	104	68	h	
01101001	105	69	i	
01101010	106	6A	j	
01101011	107	6B	k	
01101100	108	6C	l	
01101101	109	6D	m	
01101110	110	6E	n	
01101111	111	6F	o	
01110000	112	70	p	
01110001	113	71	q	
01110010	114	72	r	
01110011	115	73	s	
01110100	116	74	t	
01110101	117	75	u	
01110110	118	76	v	
01110111	119	77	w	
01111000	120	78	x	
01111001	121	79	y	
01111010	122	7A	z	
01111011	123	7B	{	
01111100	124	7C	|	
01111101	125	7D	}	
01111110	126	7E	~	
01111111	127	7F	DEL（delete）	删除

第三部分：扩展 ASCII 打印字符

扩展的 ASCII 字符满足了对更多字符的需求。扩展的 ASCII 包含 ASCII 中已有的 128 个字符（数字 0～32显示在下图中），又增加了 128 个字符，总共是 256 个。即使有了这些更多的字符，许多语言还是包含无法压缩到 256 个字符中的符号。因此，出现了一些 ASCII 的变体来囊括地区性字符和符号。例如，许多软件程序把 ASCII 表（又称作 ISO8859－1）用于北美、西欧、澳大利亚和非洲的语言。

ASCII 字符代码表 二

高四位 \ 低四位		扩充ASCII码字符集															
		1000		1001		1010		1011		1100		1101		1110		1111	
		8		9		A/10		B/16		C/32		D/48		E/64		F/80	
		十进制	字符	十进制	字符	十进制	字符	十进制	字符	十进制	字符	十进制	字符	十进制	字符	十进制	字符
0000	0	128	Ç	144	É	160	á	176	░	192	└	208	╨	224	α	240	≡
0001	1	129	ü	145	æ	161	í	177	▒	193	┴	209	╤	225	ß	241	±
0010	2	130	é	146	Æ	162	ó	178	▓	194	┬	210	╥	226	Γ	242	≥
0011	3	131	â	147	ô	163	ú	179	│	195	├	211	╙	227	π	243	≤
0100	4	132	ä	148	ö	164	ñ	180	┤	196	─	212	Ô	228	Σ	244	⌠
0101	5	133	à	149	ò	165	Ñ	181	╡	197	┼	213	╒	229	σ	245	⌡
0110	6	134	å	150	û	166	ª	182	╢	198	╞	214	╓	230	µ	246	÷
0111	7	135	ç	151	ù	167	º	183	╖	199	╟	215	╫	231	τ	247	≈
1000	8	136	ê	152	ÿ	168	¿	184	╕	200	╚	216	╪	232	Φ	248	°
1001	9	137	ë	153	Ö	169	⌐	185	╣	201	╔	217	┘	233	Θ	249	•
1010	A	138	è	154	Ü	170	¬	186	║	202	╩	218	┌	234	Ω	250	·
1011	B	139	ï	155	¢	171	½	187	╗	203	╦	219	█	235	δ	251	√
1100	C	140	î	156	£	172	¼	188	╝	204	╠	220	▄	236	∞	252	^{n}
1101	D	141	ì	157	¥	173	¡	189	╜	205	═	221	▌	237	φ	253	^{2}
1110	E	142	Ä	158	₧	174	«	190	╛	206	╬	222	▐	238	ε	254	■
1111	F	143	Å	159	ƒ	175	»	191	┐	207	╧	223	▀	239	∩	255	BLANK FF

注：表中的ASCII字符可以用：ALT + "小键盘上的数字键" 输入